반려견이 더 행복한

클리커
페 ⌐ 어
트레이닝

한준우 지음

YoungJin.com Y.
영진닷컴

반려견이 더 행복한
클리커 페어 트레이닝

ISBN 978-89-314-5945-6

독자님의 의견을 받습니다
이 책을 구입한 독자님은 영진닷컴의 가장 중요한 비평가이자 조언가입니다. 저희 책의 장점과 문제점이 무엇인지, 어떤 책이
출판되기를 바라는지, 책을 더욱 알차게 꾸밀 수 있는 아이디어가 있으면 이메일, 또는 우편으로 연락주시기 바랍니다. 의견을
주실 때에는 책 제목 및 독자님의 성함과 연락처(전화번호나 이메일)를 꼭 남겨 주시기 바랍니다. 독자님의 의견에 대해 바로
답변을 드리고, 또 독자님의 의견을 다음 책에 충분히 반영하도록 늘 노력하겠습니다.

이메일 : support@youngjin.com
주 소 : (우)08505 서울시 금천구 가산디지털2로 123 월드메르디앙벤처센터2차 10층 1016호
등 록 : 2007. 4. 27. 제16–4189호

파본이나 잘못된 도서는 구입하신 곳에서 교환해 드립니다.

STAFF
저자 한준우 | **기획** 기획 1팀 | **총괄** 김태경 | **진행** 정은진 | **디자인** 박다혜 | **편집** 김효진 | **제작** 황장협
영업 박준용, 임용수 | **마케팅** 이승희, 김다혜, 김근주, 조민영 | **인쇄** 서정인쇄

반려견이 더 행복한

클리커 페어
트레이닝

머리말

D.I.N.G.O. KOREA의 클리커 페어 트레이닝의 이해

클리커 트레이닝의 주목적은 동물이 스스로 생각하고 판단하는 것에 목표를 두고
있다. 클리커 트레이닝은 여타의 다른 트레이닝에 비해 인도적인 트레이닝인 것
은 맞다. 하지만 체벌을 하지 않는다고, 더욱이 클리커를 사용한다고 다 인도적인
것은 아니다. 클리커를 간식을 주는 도구로만 사용하면 반려견은 노예처럼 행동
한다. 먹이에 대한 노예 생활을 하게 된다.

예를 들어 훈련은 해서는 안 될 야단치는 큰 소리를 쳐서 강압적으로 심부름을 시
키기는 방법이다. 물론 바람직한 행동 후엔 보상도 제공을 하지만 야단치는 큰 소
리를 듣기 싫어서 또는 체벌을 피하기 위한 행동으로 자발적이지 않은 행동으로
나타나는 것이다. 하고 있는 행동이 스스로 알아서 하는 행동이 아니라 마지못해
하는 행동이다.

클리커 트레이닝은 돈 10만 원을 줄 테니 심부름을 해 달라고 시키는 것이다. 돈
을 얼마 줄 테니 나의 부탁을 들어 달라고 요구하는 행동이다. 하지만 페어 트레이
닝은 아무런 조건 없이 심부름한 수고비를 보수로 제공하는 것으로 심부름을 하
는 당사자에겐 큰 차이가 있다.

돈을 주고 심부름을 시키는 것은 고용주와 고용인의 관계가 되는 것이지만 심부

름한 수고로 고마움을 표현하기 위해 보수를 준 것은 가족이거나 친구의 관계를 말하는 것이다. 즉 첫 번째의 예는 리더가 밑에 사람에게 부림을 요구하는 것이고, 후자는 수평적 관계의 트레이닝의 예를 설명한 것이다.

체벌을 가하지 않고 보상만 제공한다고 인도적 트레이닝이 아닌 것이다. 체벌만 주어지지 않았지 노예와 같은 방법은 반려견에게 스스로 선택할 수 있는 권리가 없어진 상황이며 자발적인 생각 없이 지시를 기다리는 반려견을 가르치는 방법인 것이다.

가족 또는 친구처럼 조건 없이 행동한 것에 대한 보수를 주는 트레이닝은 D.I.N.G.O. KOREA에서 추구하는 알아서 스스로 행동을 할 수 있게 가르치는 방법이 페어 트레이닝이다.

반려견에 대한 개념은 서양과 동양은 많은 차이를 두고 있다. 서양은 환생이라는 개념이 없고 반려견을 사람의 밑에 있다는 생각으로 관리해 줘야 한다는 생각을 하고 있다. 물론 반려견 스스로 할 수 없는 것은 관리를 해 줘야 하는 게 당연하다. 예를 들어 반려견이 아플 때를 생각해 사람이 수의학을 배워 치료를 해 준다거나 더위 또는 추위로부터 피할 수 있게 관리하고 도와주어야 한다. 그리고 청결을 위해 미용을 배워 목욕을 시켜야 하는 경우다. 하지만 반려견의 생각이나 행동을 보상(먹을 것)으로 관리하는 것은 선택권을 빼앗는 행동이다.

D.I.N.G.O.의 이념은 반려견으로 태어난 것도 우연이고 사람으로 태어난 것도 우연이라는 환생의 개념을 가지고 반려견을 대함에 있어 평등한 관계에 있어서의 트레이닝을 목표로 하는 수평적 관계의 클리커 페어 트레이닝을 추구한다.

클리커 페어 트레이닝은 반려견에게 선택권을 주어 스스로 선택할 수 있는 권리를 주며 클리커로 행동을 관리하여 인간세계의 룰을 가르치는 것을 목표로 한다. D.I.N.G.O.의 클리커 페어 트레이닝은 세계 최고의 레벨로 반려견과 평등하게 교감 할 수 있는 방법을 제공할 것이다.

클리커를 사용하시는 트레이너 여러분 클리커 페어 트레이닝을 배워 진정한 차이를 느껴 보시기 바란다.

D.I.N.G.O. KOREA 대표 한준우

추천사

유기동물의 구조와 치료를 하면서 유기되는 동물친구들에게 어떻게 대하는 것이 최선일까?를 항상 고민한다. 입양에 대한 책임의식의 부재, 장난감 같이 생각하는 보호자들의 의식, 그리고 동물이라 하등하다는 생각으로 하는 대처 방법 등이 반려동물을 궁지로 내모는 것 같다. 이 책을 통해 반려동물에 대한 새로운 의식과 대처 방법을 통해 올바른 반려동물 문화가 만들어지길 바란다.

사단법인 고유거(유기견 보호 단체) 대표
작은친구 동물병원 원장 한병진

10년 이상 유기견의 구조와 입양을 반복하는 생활을 하고 있지만 여전히 줄어들지 않고 있는 유기견. 이 책을 통하여 많은 분들이 반려견에 대한 새로운 의식으로 반려동물의 입양-관리-학습과 문제 행동에 대한 올바른 이해와 수정 방법을 배웠으면 합니다. 사랑하면 가르쳐야 합니다.

사단법인 고유거(유기견 보호단체) 이사
약사 권영진

오랜 동물농장 방송생활을 하면서 반려동물(견)에 대한 교육법이 점점 인도적이며 과학적으로 진보하고 있다는 것을 느끼고 있다. 이 책에서 소개하는 클리커 페어 트레이닝은 매우 인도적이며 선진화된 근대적 교육법임에 틀림없다.

왜냐하면 동물 스스로 생각을 하고 판단하는 모습을 나는 직접 눈으로 확인했기 때문이다. 컨셉 트레이닝을 통해 상상력과 창의력이 있다는 것도 경험을 한터라 반려견의 보호자 또는 트레이너를 지망하는 분들이라면 꼭 권하고 싶은 책이다.

SBS 『TV 동물농장』 피디 이승준

이 책의 저자인 한 교수님과 촬영차 항상 만날 때마다 반려견의 교육법이 허술하다는 이야기를 하곤 했었던 기억이 난다. 이 책을 기반으로 동물교육법이 좀 더 과학적이고 학술적으로 변하는 계기가 되었으면 하는 바람이다. 그 바탕에는 반려동물에 대한 이해와 배려가 있어야 한다.

SBS 『순간포착 세상에 이런 일이』 피디 황인환

방송을 통해 알게 된 교수님. 그의 철학을 담은 내용입니다. 동물들의 생각을 읽고 배려하는 교육의 기본은 트레이너뿐 아니라 동물을 좋아하는 사람이라면 배워야 하는 기본이라고 생각합니다. 개그맨이지만 동물을 좋아하는 저도 이 책을 읽고 동물을 대하는 방법이 변하게 되었습니다.

개그맨 김경진

반려동물은 장난감처럼 건전지를 갈아 주면 끝이 아닙니다. 반려동물은 우리의 패밀리 친구입니다. 이 책을 읽으시고 건강한 행동, 건강한 마음 많이 적립하십시오.

애견인 개그맨 지상렬

클리커 페어 트레이닝은 세계에서 가장 윤리적이고 인도적인 교육 방법입니다. 트레이너를 꿈꾸시는 한국의 학생 여러분 D.I.N.G.O. KOREA와 이 도서를 추천합니다.

D.I.N.G.O. JAPAN 대표
클리커 페어 트레이닝의 선구자 가츠야 아라이

개는 사람 말을 어디까지 알아들을 수 있을까. 견종에 따라 천차만별이겠지만 지능이 높은 개들은 예닐곱 어린아이 못지않은 행동으로 사람들을 깜짝깜짝 놀라게 한다. 주인을 구하는 개들도 적지 않다. 한준우 교수의 책 『반려견이 더 행복한 클리커 페어 트레이닝』은 반려견과 어떻게 소통할 것인지에 대한 방법을 일러 주는 책이다. 굳이 '간식'을 미끼로 사용하지 않아도 반려견이 스스로 생각하고 판단할 수 있도록 가르치는 '페어 트레이닝'. 어찌 보면 반려견을 진정하게 '가족'으로 받아들이는 첫걸음이 아닐까.

뉴스1 부국장 윤미경

반려견과 반려인이 행복하게 동행하기 위해서는, 반려인이 '개'란 동물에 대해 정확히 알고, 사람의 눈높이가 아닌 반려견의 눈높이에 맞춰 생각하며, 올바른 방법으로 교육하는 것에 있습니다. 오랫동안 다양한 동물의 교육 경험과 반려견 행동 교정에 힘써온 저자의 철학이 녹아든 이 책이 반려견과 행복하고 즐거운 삶을 바라는 반려인들에게 좋은 안내서가 되어줄 것이라 기대합니다.

용강동물병원장 수의사 박원근

잘 먹이고 씻기고, 관리를 해주면 된다고만 생각했다. 그런데 이 책을 읽다머리를 맞은 듯 멍해졌다. 단순한 관리는 동물원의 동물과 별다를 없다는 것과 지나친 관리는 과잉보호와 같아 스스로를 관리하지 못하는 동물로 만든다는 것. 나는 너무 단순하게 관리한 것인지, 혹은 아무것도 못하게 과잉보호를 한 것은 아닌지 문득 돌아보게 되었다. 이 책은 반려인이 동물을 관리하는 것이 아니라 반려동물이 스스로 생각하고 학습할 수 있는 독립된 개체가 되도록 이끌어준다. 스스로 사고하고 스스로 실천할 수 있다는 말이 참 와 닿는다.

SBS 『TV 동물농장』 전문 수의사 최영민 원장

이 책을 읽는 법

이 책에는 책에서 설명하고 있는 클리커 페어 트레이닝을 영상으로 배울 수 있게 영상을 실었습니다. 아래의 QR코드를 찍고 들어가면 영진닷컴 유튜브 채널이 나오는데, 여기서 각 본문 내용에 맞는 영상을 선택해 재생해 보시면 됩니다.

각 과정마다 영상 한 가지로 설명한 영상들도 있으며, 시작부터 완성까지 여러 과정을 과정별로 나눠서 올린 영상도 있습니다. 시작부터 완성을 차례로 보며 어떤 부분들이 달라졌는지 살피면 클리커 페어 트레이닝을 익히는 데 더욱 도움이 될 것입니다. 40여 개의 영상을 통해 저자인 한준우 교수님께 직접 강의를 듣는 듯 생생하게 실습할 수 있을 것입니다.

영상이나 책의 내용을 보시다가 궁금한 점이 있으시면 딩고 코리아 블로그 등으로 문의 주세요.

blog.naver.com/dingo-korea

• 트레이닝 영상 QR•

차 례

PART 1.
개에 대한 이해

Chapter 01. 개에 대한 새로운 이해 · 16

개는 늑대의 후손일까? : 반려견으로서 개의 기원 · 16 | 개가 짖는 이유 · 21

Chapter 02. 퀄리티 오브 라이프(Quality of life), 반려견의 질이 높은 생활이란? · 24

반려견의 삶의 질(Q.o.l.) · 24 | 개와 늑대의 차이 · 27

Chapter 03. 훈련과 클리커 페어 트레이닝의 차이 · 30

반려동물의 훈련에 대한 인식 변화 · 30 | 클리커 페어 트레이닝 이란? · 32

Chapter 04. 관리와 학습 – 반려견과 즐겁게 지내기 위한 두 가지 방법 · 39

반려견 트레이닝의 목적 · 39 | 반려동물의 관리란 · 41 | 반려동물의 관리 – 물리적인 관리 · 42 | 반려동물의 관리 – 정신적인 관리 · 44 | 관리의 함정 · 45 | 반려동물을 위한 올바른 학습 · 47

PART 01

개에 대한 이해

반려견 1000만의 시대에 우리는 얼마나 개에 대해 알고 있을까? 우리는 정말 개에 대해 잘 이해하고 있을까? 개를 반려견으로 인식하고 사람과 더불어 잘 살아가기 위해서는 개에 대한 올바른 이해가 필수이다. 우리가 잘 모르고 혹은 잘못 알고 있었던 개에 대한 인식을 바로잡아 바른 트레이닝으로 가는 길을 마련하고자 한다.

Chapter 01

개에 대한 새로운 이해

• • •

어느 학자가 '인간이 존재하는 이유는 개의 덕분이다'라고 말했다고 한다.

왜 이런 말을 한 것인지 애견인으로 무척이나 궁금하다.

대부분의 사람들은 개는 늑대 자손이라는 생각을 가지고 있다.

그리고 항상 개를 이야기할 때 늑대의 이야기는 빠지지 않고 함께한다.

그렇다면 정말 개는 늑대의 자손일까?

개는 늑대의 후손일까? : 반려견으로서 개의 기원

필자도 처음 개에 대해 공부할 때는 늑대의 자손이라는 생각으로 개의 세계에 접근한 적이 있다. 하지만 개를 점점 알아 갈수록 늑대와는 전혀 다른 종임을 느낄 수 있었는데 진화와 유전에 의해서도 알 수 있었지만 나에게 가장 큰 영향을 준 계기는 레이먼드 코핑거(Raymond Coppinger), 로나 코핑거(Lorna Coppinger) 박사 부부의 『Dogs』[1]란 책에서이다.

1, 2, 3, 4, 5 Dogs : A New Understanding of Canine Origin, Behavior and Evolution』| 레이먼드 코핑거 (Raymond Coppinger), 로나 코핑거(Lorna Coppinger) | University of Chicago Press | 2002년 10월 1일

1960년도 미국 농가들은 가축을 사육하는 일로 생계를 유지하였는데 사육하는 가축의 약 20% 정도가 야생동물의 습격으로 죽어 나갔다고 한다. 이 사건을 계기로 코핑거 박사 부부는 미국 정부의 지시로 지원금을 받아 개에 대한 모든 것을 연구하게 되었다. 이러한 막대한 피해 앞에서 정부가 뾰족한 대안이 없었고, 야생동물로부터 가축을 보호할 수 있는 방법에 대해 연구한 끝에 가장 많이 기르고 있는 개를 활용해 야생동물의 습격을 막아 보고자 코핑거 박사 부부에게 개에 대한 연구를 지시하게 된 것이다.

지금은 우리가 개에 대해 많은 정보들을 알고 있지만, 당시엔 개에 대한 정보의 양이 소나 돼지, 양과 같은 다른 가축에 비해 전무한 것이 현실이었다. 동물학 전문가들이 돈벌이가 안 된다는 이유로 연구를 하지 않았기 때문에 이러한 상황이 발생할 수밖에 없었다. 이와 같은 연유로 코핑거 박사 부부가 개에 대한 본격적인 연구를 시작할 수 있었다. 『Dogs』는 개에 대해 관심 있는 사람들은 꼭 읽어 보기를 권한다.

▲ 과거의 야생의 개(출처 : 『Dogs』, 레이먼드 코핑거 외[2])

코핑거 박사 부부는 이 연구에서 '개는 늑대의 자손이 아니라 야생에서 생활하던 갯과의 동물이 사람의 배설물이나 사람이 먹다 버린 음식물을 먹기 위해 스스로 인간 세계에 들어와 가축화 되었다'고 하였다. 또한 '수천 년 전의 개들은 늑대, 자칼, 코요테, 딩고 등 다른 갯과의 동물들과 교배를 했고, 이 과정에서 그 개체수가 기하급수적으로 증가했다. 개들끼리 교배하기 시작한 건 약 2000년 전부터'라고 설명한다.

▲ 현대의 야생의 개(출처 : 『Dogs』, 레이먼드 코핑거 외[3])

1990년 초반부터 떠돌이 개를 연구하던 코핑거 박사 부부는 이들이 사람이 키우다 잃어버리거나, 키우다 버린 개, 또는 집을 나간 개들의 자손이 아닌 인간에게 길들여지지 않고 원시시대부터 인간의 주변에 맴돌던 개들의 후손이라고 설명한다. 기존에 알고 있던 사실과 다른 새로운 개에 대한 이해이다.

떠돌이 개들의 선조들은 쫓아내는 원시인들이 무서웠지만 도망갔다가 이내 다시 돌아오는 행동을 반복했다고 한다. 지금의 개들도 쫓아내면 도망갔다가 다시 돌아오는 행동을 하는 걸 볼 때 유전되어 내려온 행동임에 틀림없다. 이와 같은 행동을 반복하는 이유 역시 사람을 좋아하기 때문이라는 것이다. 선조 대부터 지금의 개들까지 뼛속 깊이 사람을 좋아하는 유전자가 있어 혹독하게 학대를 하지 않는 이상 사람에게 달려들어 물려고 하지 않는다는 것이다. 즉, 사람을 좋아하는 유전자가 계속 유전되고 있다.

이 시기의 원시인들에게 가장 무서운 적은 밤에 잠을 잘 때 공격해 오는 야생동물들이었는데, 쫓아내도 다시 돌아오던 개들은 원시인을 습격하려는 야생동물의 침입을 짖어서 알려 주어 밤에 잠을 편하게 잘 수 있게 해 주었다고 한다.

이후 원시인들은 개들을 쫓기보다 근처에 두고 살기를 원했고 먹을 것을 던져 주는 등의 행동으로 더 가까이 두고 살게 되었다고 한다. 특히 야생동물을 막기 위해 불침번이 필요했는데 짖는 개들 덕분에 불침번을 서는 것을 그만두고 잠을 편하게 청할 수 있었다. 그리고 이를 통해 실생활에 필요한 도구나 생활을 편리하게 하는 방법에 대한 연구를 몰두할 수 있었기 때문에 문명의 발전을 이룰 수 있었다고 말한다. 이와 같은 이유들 때문에 서두에 말한 것처럼 학자들이 현재 인류가 존재하는 이유가 개의 덕분이라고 한다는 것이다.

▲ 인간 주변에 살기 시작한 개

▲ 인간의 거주지에 사는 개

개가 짖는 이유

코핑거 박사는 저서에서 '현재의 개들은 목적에 따라 많이 개량되어 왔는데 아직도 짖는 행동이 인간에게 도움을 준다고 믿고 있는지도 모른다'고 주장한다. 어느 학자는 사람의 말을 흉내 내는 것이라고 설명하는데 개의 짖는 소리가 사람의 말 소리의 주파수와 비슷하다는 이유에서이다. 즉, 개들의 짖음은 사람을 따라하고 싶은 행동의 일부일 것이라는 이야기다.

▲ 사람이 소리 지르는 것을 보고 흉내 내며 짖는 개

따라서 '현대의 개들은 짖으면 사람에게 이로울 것이라고 생각하고 짖고 있는지도 모른다'는 말은 아주 흥미로운 이야기다. 낯선 사람이 집에 오면 짖는 행동, 낯선 사람을 보았을 때 짖는 행동, 또는 집 밖에서 이상한 소리를 듣고 짖는 행동은 위에 따르면, 위험한 상황이나 낯선 상황에 직면했을 때 사람을 위해서 짖는다는 것이 된다. 하지만 사람들은 그러한 의도를 모르고 짖는 것을 잘못된 행동으로 여기고 개를 위험한 상황으로 몰아세우고 있다. 해결책이랍

시고 성대 수술을 하거나 문제견으로 치부하는 등의 더욱 위험한 상황으로 내모는 것이다.

짖는 이유를 안다면 개를 이해시키고 해결해 줄 수 있다. 개들의 짖는 행동은 수천 년 전부터 지금까지 인간을 위해 많은 일을 해 온 것은 틀림없는 사실이다. 또한 짖는 행동뿐 아니라 개의 여러 습성을 활용하면 매개치료견, 맹인안

▲ 개를 소유하기 시작한 원주민의 개(출처 : 『Dogs』, 레이먼드 코핑거 외[4])

내견, 수색 탐지견, 경비견, 도우미견, 반려견 등으로 인간에게 도움을 주는 개체로 인간이 할 수 없는 일을 인간을 대신할 수 있다. 인간은 이와 같이 개가 인간에게 주고 있는 이로움에 대해 잊지 말아야 한다.

개의 선조는 사람과 같이 살기를 원해 스스로 선택하여 다가왔지만 인간을 대신해하고 있는 일들은 스스로 좋아서 했다기보다 그저 사람이 좋아해 주는 행동이기 때문에 마지못해 했을 수도 있다. 개들은 하고 싶은 일을 선택권이 없이 하고 있다는 이야기다. 우리는 지금의 개들에 대해 조금 더 다른 시선으로 바라보고, 이해하고, 선택권을 주어야 한다.

Chapter 02

퀄리티 오브 라이프(Quality of life), 반려견의 질이 높은 생활이란?

• • •

'Quality of life' 우리말로 해석하면 질이 높은 생활이라는 의미이다.
모든 생명은 질 높은 생활을 영유할 권리가 있다. 그렇다면 사람과 함께 살아가고 있는
현대 반려견의 삶의 질은 어떠할까? '반려'라는 이름을 붙이고 있긴 하지만,
바쁜 생활을 이어가는 현대인과 살아가는 개는 집 지키는 개가 되어가고 있다.

반려견의 삶의 질(Q. o. l.)

개는 선조시대부터 사람과 살기 시작하면서 사람과 살아가는 법에 대하여 유전을 거듭하며 어떻게 사는 것이 사람과 편하게 살 수 있을 것인가에 대해 스스로 선택해가며 유전되어 내려오고 있다. 그 결과 이어진 개의 일상은 '무료함'으로 대변할 수 있다. 개들은 아무 생각 없이 무료한 하루 일과를 보낸다. 밥그릇에는 항상 사료가 가득 담겨 있고, 반려인이 퇴근 후에 사 오는 간식을 기다리며 무료하게 하루를 보내는 게 현대 개의 모습이다. 산책을 나갈 때도

같은 시간대, 같은 코스를 반복하며 산책할 수밖에 없기 때문에 그 또한 무료
한 산책일 수밖에 없다.

장난감을 많이 제공한다고 해서 이 '무료함'을 달랠 수도 없다. 같은 곳에 장난
감이 널브러져 있고 항상 같은 장난감이니 호기심을 자극시키기엔 부족한 것
이다. 즉, 같은 환경에 지속적으로 노출되니 냄새 자극이나 호기심의 자극을
주기엔 미비한 환경이다.

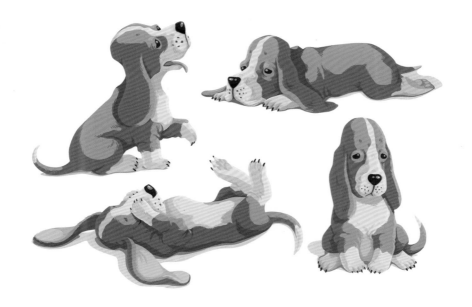

▲ 즐겁게 산책하는 반려견들

▲ 수영하는 반려견(제공 : 김포 락애견학교)

그러한 탓에 반려견들은 어른이 되기를 포기하고 어린아이와 같은 강아지 상태로 남아 있기를 선택하고 그 선택을 유전시키고 있다. 그리고 이러한 유전을 부추기는 데는 개를 어린아이처럼 대하는 보호자의 관리도 한몫을 한다. 가정에서 키우는 반려견은 먹을 것과 추위, 더위, 놀이 등에 선택권 없이 필요한 모든 것을 제공 받기에 스스로 할 수 없는 환경에 처해 있다. 더구나 작고 귀여운 어린아이처럼 보이도록 그들의 선택권이 없이 사람들이 선택해 번식시키는 것 또한 큰 비중을 차지한다.

▲ 사람에게 어리광 부리는 개

성체가 되어서도 유치가 빠지지 않는다거나, 유치가 늦게 빠지는 경우 등을 보면 그러한 유전의 근거로 볼 수 있다. 또 다른 경우엔 성체가 되어서도 어린 강아지 얼굴을 하고 있거나, 보호자에게 어린 강아지처럼 어리광을 부리기도 한다. 즉, 정신적인 성장을 하지 못한다고 볼 수 있다. 그래서 클리커 트레이닝을 통해 정신적인 성장과 삶의 질을 높이고자 하는 것이다.

개와 늑대의 차이

연구 결과에 따르면 개와 늑대의 가장 큰 차이는 뇌의 크기라고 한다. 늑대와 개의 뇌는 4개월까지는 비슷하게 자라지만, 4개월 이후에 그 차이가 확연히 드러난다. 개의 뇌는 크게 자라지 않는 반면 늑대의 뇌는 성체로 자라는 몸에 비례하여 커진다는 것이다.

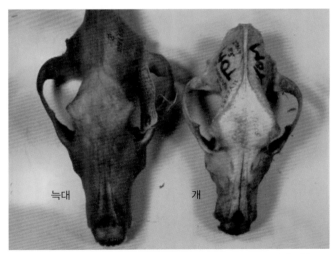

▲ 늑대와 개의 두개골 크기 비교(출처 : 『Dogs』, 레이먼드 코핑거 외[5])

늑대는 어른이 되어야만 야생에서의 생존에 필수적인 사냥을 할 수 있기 때문에 어른이 되기를 선택한 것이고, 보호자에게 먹을 것과 잠자리 등 모든 것을 제공 받는 개는 오히려 사람이 좋아하는 어린 강아지의 모습으로 남도록 선택했다는 것이다. 개가 스스로 사람이 좋아하는 모습이 되기를 선택하고, 유전시키며 점점 몸과 마음이 어린아이인 상태로 진화하고 있는 것이다.

그렇다면 늑대가 개보다 더 우월한 존재일까? 현재 존재하고 있는 늑대는 멸종 위기에 처해 보호해야 하는 보호종으로 분류되고 있고, 개의 개체수는 전 세계적으로 20억 마리에 달할 정도로 늘어나고 있다. 이렇듯 생존 본능이라는 측면에서 보면 현존한 개체수로는 늑대보다 개가 우월하다고 할 수 있지 않을까.

원시시대에 살던 동물들 중 현재까지 멸종하지 않고 존재하는 동물 개체는 약 4% 정도에 지나지 않는다. 그렇다면 개들은 탁월한 생존 전략을 가진 전략가들이라고 할 수 있다. 또 이 점이 개가 다른 유사한 종들보다 우월하다고 할 수 있는 이유이다. 하지만 이 전략가들이 현재 바람직하지 않은 방향으로 유전 코드가 바뀌어가고 있는 것이 문제이다.

아기와 같은 모습과 행동으로 변해 가며 유전되고, 이들은 개에서 반려견으로 점점 변해가고 있다. 이것은 개만의 탓으로 돌릴 수 없다. 사람들이 점점 인형 같은 반려견을 원하고 있기 때문이기도 하다.

개는 가지고 노는 장난감이 아니라 살아 움직이고, 생각하는 지능을 가진 친구들이다. 몸에 좋은 음식이나 좋은 옷을 입히고 깨끗한 실내에서 살게 하는 방법이 능사는 아니라는 이야기다. 개는 생각할 수 있는 지능을 가지고 있기 때문에 배울 수 있는 기회를 제공해 주어야 한다. 교육의 기회를 제공해서 어른이 될 수 있도록 뇌를 키워야 한다.

배움의 기회가 경험으로 축적되고, 다시 지식으로 만들어 인간 사회에서 행복하게 공존할 수 있게 만들어 주어야 한다. 클리커 페어 트레이닝은 개 스스로 생각하고 선택하는 공평하고, 윤리적이며 효과적인 과학적 교육 프로그램 방법이다. 현재 세계의 동물 교육 방법은 동물을 하등하게 생각하고 사람의 말을 따르기만 하면 된다는 이론이 주를 이루고 있어 인도적이지 못하고 비과학적이라고 생각한다. 그래서 인도적이지 못하고 칭찬하는 교육의 미비한 부분을 채우고자 한다.

클리커 페어 트레이닝을 거치면 스트레스를 받지 않으며, 소심한 반려견은 자신감이 생기고, 의욕이 넘치는 생활을 하게 되며 항상 보호자의 의도를 파악하려 생각을 하는 반려견으로 생활을 하게 된다. 즉 지시를 받고 생활하는 것이 아니라 스스로 알아서 하는 삶의 질을 향상시키는 생활을 할 수 있게 된다는 의미이다.

사랑하면 가르쳐야 한다.

▲ 수영을 즐기는 질 높은 삶을 사는 개들(제공 : 김포 락애견학교)

Chapter 03

훈련과 클리커 페어 트레이닝의 차이

* * *

반려동물의 훈련에 대한 국내 연구는 역사가 길지 않으며,

동물이 아닌 사람의 편의에 의한 훈련이 대부분이었다.

또, 체계적인 훈련이 자리잡은지 얼마 되지 않으며,

훈련 받은 트레이너의 역사도 짧다.

반려동물의 훈련에 대한 인식 변화

반려동물에 대한 훈련은 6.25 전쟁 중 미군이 보급한 군견을 1953년 휴전 이후 철수하면서 놓고 가면서부터 우리나라에도 반려동물을 대상으로 한 훈련이 알려지기 시작하였다. 이 당시의 훈련의 기본 방침은 '즉벌즉상'으로 잘할 때 보상을 하고, 잘못할 때 체벌을 하는 방법이었다. 바람직한 행동은 보상을 통해 그 행동을 또 일어나게 하고, 바람직하지 못한 행동은 체벌을 가해 못하게 하는 방법이다.

하지만 체벌이 단순히 문제 행동을 막는데서 그치지 않고 2차 문제를 유발하였고, 우리나라 정서상 동물의 체벌을 끔찍하게 여기면서 '긍정적 교육'이 대두되었다. 체벌로 인해 보호자와의 신뢰가 깨지는 것이 체벌에 대한 2차적인 문제였다.

문제 행동은 대부분은 단 한 번의 체벌로 고칠 수 없다. 체벌은 문제 행동을 일시적으로 못하게는 할 수 있지만 근본적으로 문제 행동을 하지 않게 할 수는 없다. 더욱이 잘못된 체벌은 반려동물과 보호자가 그간 쌓아온 신뢰를 한 번에 깨지게 할 수 있다. 그리고 체벌 때문에 문제 행동을 하지 않는 것은 진정한 믿음과 소통에서 비롯된 행동이 아니라 체벌을 피하기 위한 행동인 것이다. 또한 잘못된 체벌은 스트레스로 인한 탈모 증상이나 불규칙적인 배변, 더 심할 경우 체벌에 의한 두려움으로 인한 공격성으로 이어지기도 한다. 그리고 체벌을 받은 개는 체벌에 대한 두려움으로 보호자와의 신뢰를 잃고 눈치를 보는 반려견이 된다.

▲ 사람의 눈치 보는 반려견

약 15년 전 모 방송에서 초크 체인으로 반려견을 복종시켜 개의 행동을 교정하는 훈련에 대해 미화한 방송이 인기를 끌어 개는 복종시켜야 한다는 애견 문화가 만들어지기도 하였다. 하지만 방송은 방송일 뿐이다. 수차례 방송 촬영 경험을 한 후에 안 사실인데 텔레비전을 통해 보여지는 방송은 사실 그 자체보다 방송사의 의도에 따른 편집과 각본이 존재한다는 것이다. 진정으로 동물을 사랑하고 아낀다면 보호자 스스로 공부하고 반려견에게 사람하고 살아가는 룰을 가르쳐 주길 권한다.

클리커 페어 트레이닝이란?

클리커 트레이닝(Clicker Training)이란 '파블로프의 개'로 알려진 러시아의 생리학자 이반 파블로프(Ivan Pavlov)의 실험에서 정리된 '고전적 조건화 이론'과 B.F 스키너(B. F. Skinner)의 쥐 실험을 통해 정리된 '조작적 조건화 이론'을 기본으로 한 트레이닝으로 '보상학습이론을 기본으로 행동을 강화시키는 것'을 말한다. 이 훈련의 매개체로 누르면 달깍 소리(click)가 나는 도구인 클리커가 사용된다.

클리커(Clicker)는 노벨 과학상을 수상한 스키너의 제자인 켈러 브릴랜드(Keller Breland), 마리안 크루즈(Marian Kruse)와 이들의 뒤를 이은 밥 베일리(Bob Bailey)로부터 시작되었다. 이들의 트레이닝의 초기 목적은 냉전시대였던 1950년대 동물을 스파이로 이용하는 것이었다.

예를 들어, 고양이에게 적을 미행하게 하는 방법이나 까마귀에게 카메라를 물게 해 적들의 동태를 촬영하게 하는 것을 가르쳤으며, 폭발물을 적진으로 물고 가 놓고 오게 하는 방법도 가르쳤다. 이러한 훈련을 받은 동물들은 전쟁터에서 수많은 활동을 하였으며 많은 사람의 목숨을 구했고, 전쟁에서 승리를 이끄는 주역이 되었다. 스키너의 제자들이 최초로 클리커를 사용한 사람들이다.

하지만 이때의 클리커는 지금의 클리커와는 전혀 다른 모습이었고, 빠르게 울리기 위해 고안해 낸 클리커가 지금의 클리커 모습이다. 하지만 지금의 클리커도 빠르게 울리는 데는 한계가 있어 한층 발전시킨 클리커가 딩고의 클리커이다. 그렇지만 앞으로 더욱 빠른 클리커가 나올 것을 예상해 본다.

냉전 이후 이들은 '동물 행동 기업(Animal Behavior Enterprises, ABE)'을 만들어 동물 훈련을 상업적으로 활용한 최초의 사례로 동물 행동 분석 및 조작적 조건 원리를 체계적으로 도입하였다. 동물 행동 관련 CF를 촬영하거나 TV 방송을 하며 홍보하였고, 또 트레이닝된 동물로 전 세계를 돌며 공연도 하였다.

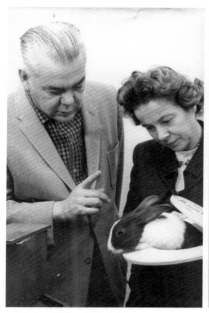

▲ 켈러 브릴랜드와 마리안 크루즈 부부와 ABE 홍보 포스터

약 147여 종의 동물을 가르치면서 트레이닝에 대한 이론을 정립하는 성과를 이루었고, 이들의 성과는 클리커 트레이닝 기술의 기본이 되고 있으며, 현재의 클리커 페어 트레이닝에서도 사용되는 기술 중 하나로 자리잡고 있다.

스키너의 생존 중인 제자로는 밥 베일리가 있으나 암 투병중인 것으로 알려져 있다. 밥 베일리의 제자로는 세계적으로 잘 알려진 카렌 프라이어(Karen Pryor)와 테리 라이언(Terry Ryan)이 있다. 이들은 현재 미국에서 클리커 트레이너로 활동하며, 클리커 트레이닝을 대중화시키며 이름을 널리 알렸으며 상업적으로도 성공하였다.

▲ 스키너 박사의 비둘기 폭탄 프로젝트

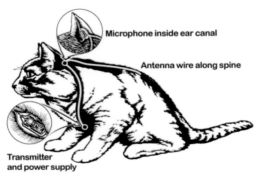

▲ CIA가 고안했던 고양이를 스파이로 활용하려 했던 프로젝트

클리커 트레이닝은 미국뿐 아니라 동물을 사랑하는 전 세계에서 인기를 끌 정도로 신선한 트레이닝을 구사하는 방법으로 인도적이며 효과적이다. 필자도 '훈련'의 문제점을 깨닫고 더 이상 반려견을 인도적으로 가르칠 수 없다는 현실적 제약에 부딪쳤을 때 만난 방법이 클리커 트레이닝이었다.

하지만 클리커 트레이닝도 난관에 부딪치게 되는 부분들이 생겨났다. 예를 들어, 아이 컨택(Eye Contact)으로 인한 흥분과 분리불안증, 잘 되어 가고 있을 때 트레이닝을 마치는 문제로 더 이상 지속되지 않고 잘하지 않게 되는 부분, '기다려' 트레이닝 시 앉아, 엎드려를 지시하고 앉아 있는 동물에게 그 행동을 유지하는 신호를 또 한 번 지시(Q)하는 등의 불필요한 Q 등이 있다(참고로 클리커 페어 트레이닝은 앉아, 엎드려의 지시 후 따로 기다려를 하지 않아도 그 행동을 유지할 수 있다). 먹이나 안테나로 유도하여 생각을 멈추게 하는 방법처럼 이론이 미정립된 부분이 상당히 많았기 때문이다. 또 클리커 트레이닝에서는 긍정적 강화와 부정적 처벌만 사용하며, 긍정적 처벌과 부정적 강화는 사용하지 말라고 한다.

하지만 칭찬만 한다고 인도적 트레이닝인가? 잘못한 학생에게 학생이 가장 좋아하는 것을 빼앗는 것(부정적 처벌 = 부의 약화)보다 한 대 때리는 것(긍정적 처벌 = 정의 약화)이 훨씬 인도적인 방법일 수도 있다.

더 중요한 부분은 클리커 트레이닝을 하다 보면 생각의 벽에 부딪치는 상황에 직면하게 된다. 클리커 트레이닝의 최대 장점은 동물 스스로 생각하고 판단하게 만드는 방법인데 결국 생각이 막히게 되는 상황에 교육자(트레이너)와 대상자(동물)는 당황스러워하게 된다. 어느 시점에서 더 이상 생각을 하게 되지 않는 것으로 정말 답답한 현실에 부딪히는 것이다. 즉 창의력을 키울 수 없는 트레이닝이다.

그리고 어떤 트레이너들은 '개의 리더가 되라~!'고 설명하며 리더십 트레이닝을 강조한다. 그 이유는 '개는 늑대의 후손이며 늑대는 군대식 문화를 가지고 있기 때문에 수직적인 관계를 만들어야 된다는 이론' 때문이다. 하지만 앞서 말했듯이 개는 늑대의 자손이 아니라 친척 관계인 종으로 전혀 다른 특성을 지닌 동물이다. 특히 리더십 트레이닝이라는 수직적 관계에서는 반려견 스스로가 자발적이고 능동적으로 행동할 수 없다.

리더(수직)라는 틀이 항상 사람은 동물의 우위에 있어야 하는 전제가 깔리게 되므로 항상 우위에서 가르치고, 항상 지시(관리)를 내려야 하기 때문이다. 클리커 트레이닝은 동물 스스로 생각하고 판단하게 만드는 방법인데, 필자도 일정 진도 이상의 진전이 어려운가에 대한 한계에 부딪이기도 했는데, 이것은 지능이 낮다는 개의 특성에 기인한 것으로 여기며 필자도 위안으로 삼았었다. 하지만 클리커 페어 트레이닝을 접하고 사고의 방법을 수평적 사고로 바꾸는 동시에 모든 해답을 얻었다.

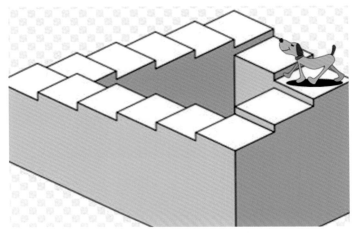

▲ 동물과의 수평적 사고

그리고 리더의 개념이 만들어지는데 동양과 서양이라는 정서적 문제도 원인이 된다. 서양은 환생이라는 개념이 존재하지 않는다. 하지만 동양의 정서에서는 환생이라는 개념이 존재한다. 환생이라는 불교적 세계관 안에서는 개로 태어난 것도 우연이며 사람으로 태어난 것도 우연이다. 사람이 죽어서 개, 또는 고양이로 태어날 수도 있다는 개념에서 출발한 수평적 관계로 즉 위아래를 두지 않고 있다는 의미이다.

반려견을 가르칠 때도 반려견보다 우위에 있기 때문에 가르치는 것이 아니라, 개는 인간 세계의 룰을 모르고 있기 때문에 인간 세계의 룰을 먼저 알고 살고 있는 사람이 알려 줘야 한다는 의미이다.
이러한 공평함에서 출발하여 가르치는 트레이닝이 바로 클리커 페어 트레이닝이다. 과거 야생의 개들이 스스로 사람에게 다가와 살기를 선택한 것처럼 트레이닝에서도 동물이 스스로 선택할 수 있는 기회를 먼저 제공하고 클리커로 환경을 관리하는 것이 클리커 페어 트레이닝이다. 즉, "하기 싫으면 안 해도 돼!"
라는 개념에서 시작하는 것이다.

클리커 페어 트레이닝은 세계 최강의 트레이닝 방법으로 보호자와 반려동물
모두 깊은 유대 관계가 만들어지며 스트레스 없이 행복한 양질의 삶을 보장해
줄 것이다.

클리커 트레이닝의, 창시자 밥 베일리

1965년, 미국 해군 훈련의 전 이사였던 밥 베일리는 ABE의 트레이너 및 부기술 이사 및 정부 프로그램 책임자로 고용되었다. 같은 해 ABE의 창립자였던 켈러 브릴랜드가 사망하자, 베일리는 연구 책임자가 되었으며, 부사장 겸 총책임자가 되었다. 이후 밥 베일리와 마리안 크루즈는 1976년에 결혼했고, 마리안이 ABE의 회장직을 맡았다.

클리커 트레이닝의 창시자가 카렌 프라이어로 알려져 있지만, 클리커를 단순한 훈련이 아닌, 동물 행동 심리를 이해하고 제대로 실행한 건 밥 베일리이다. 또, 밥 베일리는 치킨캠프, 해양 수조 및 돌고래쇼의 창시자이기도 하다.

클리커 트리이닝에 대한 밥 에일리의 명언
I am not a clicker trainer. 나는 클리커 트레이너가 아닙니다.
I am a trainer who sometimes use a clicker. 나는 때때로 클리터를 사용하는 트레이너입니다.
I use a clicker when I need precision. 나는 내가 정확성을 필요로 할 때 클리커를 사용합니다.
I do not use a clicker if I do not nee. 나는 내가 필요로 하지 않을때는 클리커를 사용하지 않습니다.

클리커 페어 트레이닝은 위와 같은 밥 베일리의 조언을 토대로 확대 보완하여 만들어졌다.

Chapter 04

관리와 학습, 반려견과 즐겁게 지내 기 위한 두 가지 방법

· · ·

동물을 훈련시키는 목적은 무엇인가? 착한 아이를 만들기 위해서인가?

클리커 페어 트레이닝을 통해서는 개뿐 아니라 야생동물, 동물원의 동물도 가르칠 수 있다.

하지만 동물원에 사는 사자에게 앉아, 엎드려를 가르쳤다고 그 사자가

착한 사자가 되는 것은 아니다. 굳이 앉아, 엎드려 등은 가르치지 않아도 된다는 이야기다.

착한아이와 행동을 가르치는 일은 별개의 일이다.

반려견 트레이닝의 목적

그렇다면 동물에게 무얼 가르쳐야 하는 것인가? 사람과 같이 살아가기 위한 룰을 가르쳐야 한다. 사람에게 민폐를 끼치는 행동을 하게 되면 사람들이 개를 싫어하게 되고, 안 좋은 상황에 몰릴 수도 있다. 즉 사람이 좋아하는 개를 만 드는 데 목적을 두고 가르치는 것이다.

또는 길거리에 떨어져 있는 음식을 주어 먹지 않게도 가르쳐야 한다. 혹여나 오염된 음식에서 병균이 묻어 개의 생명을 위험에 빠뜨릴 수 있기 때문이다.

또는 도로를 가로지르는 행동을 못하게 하는 등 개를 위험에 빠지지 않게 가르치는 것도 중요하다.

진정한 개를 가르치는 목적은 사람에게 민폐를 주지 않는 선에서 자유롭게 살아가도록 만드는 것이다. 즉, 앞에서 언급한 것과 같이 반려견의 삶의 질을 높이는 것도 목표이다. 과학적인 학습 과정을 통하여 반려견과 보호자는 공통된 언어를 만들어간다. 이렇게 습득한 공통된 언어로 보호자와 반려견이 의사소통을 할 수 있게 되는 것이다.

▲ 동물원의 우리에 갇힌 사자

딩고에서는 과학적인 논리를 중요시해서 개도 사람의 말을 알아들을 수 있다는 것을 전제조건으로 한다. 딩고에서 말하는 페어 트레이닝(Fair Training)은 사람과 동물이 서로 이해하고 납득할 수 있는 기분 좋게 공존하는 생활을 위한 교육 프로그램으로 항상 선택권을 동물에게 주어야 한다고 가르친다. 그리고 다음으로 강아지의 안전 관리를 사람이 완벽하게 해 주는 것이 두 번째 과제라고 생각한다.

반려동물의 관리란

반려견과의 생활은 먼저 관리에서 시작된다. 갓 태어난 어린 강아지는 100% 어미가 안전하게 관리를 한다. 하지만 이때는 학습은 전혀 없는 상태이다. 밥을 어떻게 먹는지도 모르고 걷는 법도 모르고 본능에 의해서 움직일 뿐이므로, 어린 강아지의 행동과 생활을 어미 개가 관리한다. 어미 개는 강아지가 안전할 수 있도록 게으르지 않게 보살피고 관리한다. 그리고 강아지의 성장에 따라 관리 방법도 달라진다. 예를 들어 갓 태어난 강아지는 본능대로 움직여 누워 있는 어미의 젖을 찾아 움직이며 누워서 젖을 빨지만 어느 정도 자라게 되면 서서 젖을 먹도록 어미 개가 먼저 서서 젖을 먹이기 시작한다. 단순한 관리에서 서고 걷는 학습을 하기 시작하는 것이다. 어미 개는 강아지의 배변도 처음에는 핥아 먹으며 처리해 주지만 걷기 시작하면 새끼를 배변 볼 장소로 데리고 가 배변을 학습시키는 행동을 한다. 이처럼 어미 개의 행동도 관리로 시작해서 학습으로 이어진다.

이윽고 이와 같은 학습을 마치고 강아지의 배변 학습은 어미개에게서 배우게 되며 2개월 이전에 학습이 마무리 된다. 독립 시기가 되면 어미 개가 전혀 관리를 하지 않게 되는데 그 시기 전까지는 어미가 책임지고 관리를 하게 된다. 기본적인 학습을 마치고 관리를 안 하게 되는 시점부터는 강아지가 스스로 학습을 하며 살아가기 시작하는데 이 시점부터 사람이 학습을 잘 할 수 있게 인도하여야 한다. 개의 입양에 적절한 시기를 대개 8주라고들 이야기하는데 이 시기는 두려움을 알고 나타내는 시기이므로, 이전에 입양을 서두르는 것이 좋을 수도 있다고 생각한다. (두려움의 시기가 오기 전 단계)

야생과 달리 가정의 반려견은 평생 어린아이인 상태로 살아가는데 갯과 동물 중 가장 느리게 성장을 한다. 그 이유는 앞서 말했듯 진화와 관련되어 있는데, 동물은 환경에 적합하게 진화를 해야만 잘 살아갈 수 있다. 그런데 야생동물 중 사람과 더불어 살겠다고 스스로 선택한 동물은 개뿐이다. 그래서 사람에게 사랑 받는 게 잘 사는 수단이라고 선택을 하며 진화를 하게 된 것이다.

사람이 반려견에게 원하는 건 애기 같은 모습의 작고 귀여운 반려견이기 때문에 그러한 모습의 개일수록 번식의 기회가 늘어나 결국은 작은 크기의 또는 입이 짧고 얼굴이 둥글둥글한 외형의 반려견도 비중이 높아졌다.

야생의 코끼리는 평생 다섯 번의 이빨을 가는 데 어떤 반려견은 평생 유치가 빠지지 않는 경우도 있다. 이는 정신은 물론 신체적으로 성장을 안 하려고 한다는 걸 반증한다. 너무 많은 관리로 인한 진화의 선택으로 보여진다. 시작은 관리이지만 관리 이후에는 꼭 학습이 뒤따라야 한다.

반려동물의 관리 - 물리적인 관리

물질적인 관리는 말 그대로 시설이나 사물에 대한 관리를 말한다. 동물이 하지 않았으면 하는 행동들을 막고자 하는 관리로 주로 문제가 될 만한 일들을 사전 예방하기 위한 조치들이다.

> 울타리를 사용한다.
> 들어가지 않았으면 하는 방문을 닫아 둔다.
> 위험한 물건은 숨긴다.
> 쓰레기통은 높은 곳에 둔다.
> 목줄을 맨다.
> 차를 탈 때 이동장에 넣는다.
> 바로 사용하지 않는 물건은 정리정돈을 한다.
> 간식이나 장난감으로 유도해 주의를 환기한다.

위와 같이 보호자의 행동으로 막는 것 등이 물리적인 관리에 속한다.

▲ 울타리를 사용한다.

▲ 들어가지 않았으면하는 방문을 닫아 둔다.

▲ 위험한 물건은 숨긴다.

▲ 쓰레기통은 높은 곳에 둔다.

▲ 목줄을 맨다.

▲ 차를 탈 때 이동장에 넣는다.

▲ 위험한 물건은 정리정돈한다.

▲ 장난감이나 간식으로 유도한다.

반려동물의 관리 - 정신적인 관리

정신적인 관리란 시설이나 사물 등 외부 요인으로 제재하는 것이 아니라 말을 통해 제재하고 관리하는 것을 말한다. 예를 들어, '큐(Q, 지시어)'로 앉아, 이리와 등을 컨트롤하거나, "안 돼"와 같이 꾸짖는 행동으로 문제 행동을 못하게 하는 것 등이 정신적인 관리에 들어간다.

하지만 관리는 관리일 뿐이다. 예를 들어 쓰레기통을 뒤질 때 "안 돼!"라고 해서 못하게 할 수 있지만 다음에 "안 돼!"를 하지 않으면 쓰레기통을 또 뒤지는 행동을 하게 되므로 관리만으론 부족하다. 그래서 학습이 필요한 이유다.

관리의 함정

동물원의 동물들은 동물원의 사육사나 수의사를 통해 건강하게 먹고 자고, 생활하도록 관리를 받는다. 30년 동안 동물원에서 관리를 잘 받은 사자가 있는데 이 사자를 관리를 잘 받았다고 (즉 사람을 물지 않았다고) 풀어놓는다면 사람을 물지 않는다고 확신할 수 있겠는가? 이들은 관리는 잘 되었지만 사람을 물면 안 된다는 학습은 되어 있지 않기 때문에 돌발적인 상황에서는 사고를 일으킬 수 있다.

지나친 관리는 과잉보호와 같아 스스로 관리하지 못하게 한다. 그렇다고 관리를 없애서도 안 된다. 관리 중인 시기는 학습을 하지 않는 상태이므로 바른 판단을 할 수 없어 사고를 일으킬 수 있으므로 관리를 하되 점점 줄여가며 학습시켜야 한다.

유명인의 반려견이 사람을 물어 물의를 일으키자, 최근 농림축산식품부는 반려견 안전관리 대책으로 2018년 1월부터 '체고 40cm 이상의 반려견에 대한 입마개를 의무화'하겠다고 발표하였다. 반려인과 동물보호단체의 거센 반대에 부딪혀 태스크포스(TF)까지 구성하였지만 아직 이렇다 할 결론은 내지 못하고 있는 상태이다(2018년 8월 현재).

개가 사람을 물어 발생할 수 있는 사고는 체고와는 전혀 상관이 없다. 그리고 입마개의 착용은 관리에 해당하며, 입마개를 하더라도 제대로 입마개 교육을 받지 않으면 오히려 스트레스로 인해 공격성을 부추길 우려가 있다. 이를 막기 위해서는 스트레스 없는 입마개 교육 관리와 사람과 다른 반려견을 물지 말아야 한다는 학습을 함께 해야 한다.

만약 쓰레기통을 뒤지지 못하도록 높은 곳에 올려 두었다가 10년이 지난 후에 어느 날 낮은 곳으로 내려놓았다면 반려견은 호기심에 쓰레기통을 뒤지는 행동을 하게 된다. 이것 역시 관리는 했지만 학습을 하지 않아서이다.

사고뭉치 반려견을 위험하다고 판단해 관리 차원에서 목줄을 절대로 풀지 않고 생활을 하고 목줄이 푼 상태에 학습을 하지 않는다면 반려견은 목줄을 풀자마자 문제 행동을 할 것이다.

그리고 만약 훈련을 했다고 계속 명령만 받는 생활을 하고 있다면 어떨까? 관리가 된 반려견이 되어 버려 적절한 판단을 할 수 없는 반려견이 되어 버린다. 이것은 지시를 잘 받는 반려견의 함정으로 조작할 수 있는 장난감과 같다.
이러한 장면은 가끔 보호자들이 자기 반려견은 훈련이 잘 되었다고 자랑하는 걸 볼 때 드는 생각이다. 딩고의 클리커 페어 트레이닝은 명령하지 않아도 알아서 할 수 있게 하는 걸 목표로 하고 가르친다.
관리만으론 학습할 기회가 전혀 없기 때문에 쓰레기통을 숨기는 것만으로는 언제라도 쓰레기통을 뒤질 것이다. 식사 중에도 "엎드려"라고 명령하는 습관이 생기면 꼭 명령할 때만 엎드리게 된다.
이렇듯 명령어에 길들여지면 명령어 없이는 무엇도 하지 않게 된다. 꾸짖기만

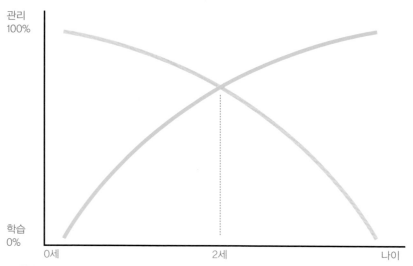

▲ 학습과 관리의 적정 연령

한다면 꾸짖지 않는 행동은 해도 된다고 인식하게 되므로 관리만으론 해결이 안 된다. 통제 받는 훈련을 받은 개들도, 지시하는 관리를 받은 개들로 만들어져 스스로 생각하거나 행동하지 않게 된다.

반려동물을 위한 올바른 학습

학습에는 좋은 학습과 나쁜 학습이 있다. 예를 들어 사회화를 학습시킨다고 반려견을 버릇이 나쁜 반려견과 만나게 하여 놀게 해 주면 반려견은 나쁜 버릇을 학습을 하게 된다.

그래서 좋은 학습을 위해서는 좋은 환경을 만들어 주어야한다. 사람 앞에서 매너 있게 행동하며, 짖지 않는 조용한 반려견을 만나게 해 주는 게 좋은 학습으로 이어진다. 이렇게 좋은 반려견, 좋은 보호자와의 학습은 지식으로 만들어 자기 스스로를 관리하며 사람이 없을 때도 실천하게 된다.

반려견이 학습하는 것을 방해하지 않기 위해서는 반려견이 생각할 수 있도록 하고 될 수 있는 한 실패의 경험보다 성공의 경험을 만들어 타이밍 맞는 칭찬을 해 주도록 인내심을 가지고 지켜봐 줘야 한다.

PART 02

클리커 페어 트레이닝 입문

'클릭', 혹은 '딸깍' 소리를 내기 때문에 클리커라 불리는 이 도구를 통한 클리커 페어 트레이닝에 대해서 알아보고자 한다. 동물 행동학 관점에서 클리커 페어 트레이닝이 가능한 원리와 수칙에 대해 이해하고 나면 클리커 페어 트레이닝을 실제로 실습하고 트레이닝하기 쉬울 것이다.

Chapter 01

클리커 페어 트레이닝에 대한 이해

· · ·

페어 트레이닝을 진행하기 전에 꼭 책을 읽어 보고

영상을 참고해 충분히 이해가 된 후 진행하기 바란다.

교육의 진행은 독자들이 이해하기 편하게 사례와 영상을 담아 진행하였으니

어려운 부분은 딩고 코리아 사이트(blog.naver.com/dingo-korea)로 문의 바란다.

클리커 페어 트레이닝은 신뢰가 만들어져 있지 않은 상황에서도 가능한 교육법이다.

야생동물이나 동물원의 동물도 가능하다. 정확한 이론만 알고 있다면 말이다.

훈련이 아닌 클리커 페어 트레이닝의 시작

훈련과 트레이닝은 차이가 있다. 그동안의 동물 훈련은 동물은 지능이 낮고, 사람보다 하등하다는 생각을 전제로 이루어졌다. 하지만 딩고의 생각은 다르다. 원시시대 이후 4%의 생존율로 살아남은 존재라면 생존 전략면에서는 비슷한 타 동물들보다 우월한 지능을 가지고 있다고 생각한다. 딩고의 목표는 그 지능을 개발해 주는 데 있다.

훈련은 피동적이며 수동적인 관계를 말한다. 하기 싫어도 해야 하는 상황을 유

발하지만 페어 트레이닝은 정보를 주는 과정에서 동물 스스로 자발적인 행동을 끌어내는 데 목적을 둔다. 하기 싫으면 하지 않아도 되지만 어떻게 행동하는 것이 가치가 있느냐를 동물 스스로 판단하게 만들고 알아서 행동하게 하는 것이다.

앞에서 말했듯이 신뢰가 만들어지지 않은 상황에서도 교육은 가능하다. 다만은 동물이 클리커의 소리를 인지해야 교육의 진행이 가능하다는 것을 염두에 두어야 한다. 그래서 교육의 시작은 밥 주기 전에 시작하는 것이 좋다. 보상으로 음식(혹은 간식)을 제공하기 때문이다. 오래 전 보호자 교육을 진행하는데 '음식 가지고 동물에게 치사한 것 아니냐!'란 소리를 들은 적이 있다. 물론 치사할 수 있는 일이다. 음식이 풍부한 세상에 못 먹는 것도 많은데 그깟 먹는 걸로 동물을 꼬드긴다고? 하지만 동물들에겐 음식은 생존과 직결된 본능이다.

동물의 본능 이해

생존 본능이란 종족을 번성시키고 살아남기 위한 본능을 말하는데 첫 번째는 번식 본능이며, 두 번째는 도주 본능 또는 공격 본능을 나타내는 행동으로 위험 회피 본능에 해당한다. 세 번째는 포식 본능이며, 이렇게 살아남기 위해서는 필요한 세 가지 본능이 존재한다. 번식 본능은 가장 강하게 나오는 본능으로 종족을 번식시키기 위한 행동들을 말한다. 교배, 새끼를 키우는 행동 등이 있다. 그다음으로는 위험 회피 본능이 있는데 두 번째로 강하게 나오는 본능이다. 위험 회피 본능이 나오지 않는다면 자기보다 큰 동물에게 잡아먹히거나, 크게 다치는 등의 피해를 입을 수 있다. 가능한 자기의 안전을 지키기 위해 하는 도망가거나 공격하는 등의 행동들이 위험 회피 본능에 해당된다. 마지막으로 나타나는 본능이 포식 본능으로 먹지 않으면 살아남을 수 없기 때문에 나오는 행동들이다. 사냥을 하는 행동도 포식 본능에서 나오는 행동이다. 이 중 포식 본능에 대한 보상(음식)을 제공하는 것이 반려견이 학습하는 데 유리하다.

물론 장난감이나 다른 도구를 사용하는 방법도 있지만 장난감을 사용할 경우 회수를 해야 하는 번거로움이 있고, 시간이 오래 걸리며, 처음 시작하기 어려운 부분이 있기 때문에 일반 보호자 분에게는 사용하는 것을 권하지 않는다. 음식에 대해 개들은 먹지 않으면 죽을 수 있다고 인식하기 때문에 보상으로 최대의 효과를 볼 수 있다.

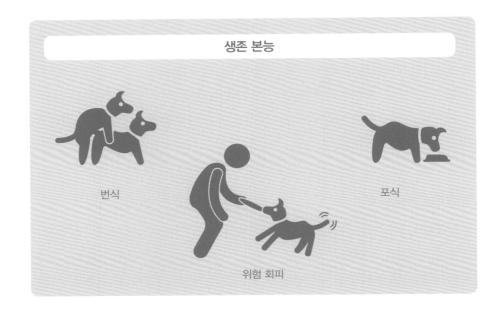

이 본능이 사라져 가는 개들도 있다. 예를 들어 하루 종일 사료를 밥그릇에 놓아 두어 먹이에 대한 본능이 사라져가는 경우가 해당된다. 트레이닝을 앞둔 반려견이라면 하루에 먹는 양을 체크해 두고 그 양에 해당하는 만큼의 사료와 간식을 가지고 트레이닝하면 된다. 가끔이지만 암컷들 사이에서 오래 살아온 수컷의 경우엔 번식 본능이 사라져 교미 행동을 안 하는 경우도 있다.

본능이 사라진다는 것은 생존 본능이 사라지는 것이라 위험한 상황을 감지하지 못하는 상태에 처했다고 볼 수 있다. 지금은 보호자가 있어 부족한 것과 필

요한 부분을 챙겨 주어 생활하고 있지만 혼자 떨어졌을 때 스스로 아무것도 할
수 없는 무방비 상태의 반려견이 되어 목숨이 위험해질 수 있다.

▲ 사료가 남아 있어도 먹지 않는 반려견

다른 예로 안고 다니는 개의 경우 돌발 상황이나 큰 소리, 호기심에 열린 문틈
등으로 예상치 못하게 집 밖으로 나갔다가 다시 집으로 돌아올 수 있는 확률은
영에 가깝다. 참고로 개들은 귀소 본능이 존재하지 않으므로 집, 보호자에 대
한 냄새를 학습시켜야 한다.
반려견들은 집으로 다시 돌아오는 정보를 냄새를 통하여 수집하는데 안고 다
닌 반려견들은 제대로 집 주변의 냄새에 대한 정보를 수집하지 못했기 때문이
다. 사람보다 약 44배 뛰어난 반려견들이라도 자주 사용하지 않으면 후각도
퇴화된다.

▲ 개를 안고 다니는 모습

반면 예외적으로 면역력이 만들어지기 전의 2개월 이전의 강아지라면 안고 다니며 사회화 교육을 진행을 할 수 있다. 그리고 어린 강아지에겐 나이 든 매너가 있고 사회화가 잘 되어 있는 성견이나 개에 대한 지식이 풍부한 사람을 집으로 초대하여 대견(개가 개를 대할 시의 상황에 대하여), 대인(개가 사람을 대하는 상황)에 대한 교육을 하면 사회성을 키우는 데 도움이 된다.

면역력이 만들어지고 난 이후 산책을 다닐 땐 냄새 탐구를 할 수 있게 안지 말고 다니길 권하며 되도록 같은 코스로 산책하는 것은 피하기 바란다. 어린 강아지에게 밥을 줄 때는 각자의 그릇에 나눠 주는 것이 좋다. 같은 그릇에 여러 마리의 강아지가 먹게 하면 경쟁 구도가 만들어져, 강해야 많이 먼저 먹을 수 있다고 학습해 먹을 것 앞에서 싸우는 개로 성장할 수 있기 때문이다.

▲ 사이좋게 밥 먹는 반려견들

▲ 대면 상황에서의 사회화 과정(제공 : 김포 락애견학교)

냄새를 맡게 해 본능을 자극하면 개들은 약간의 긴장 상태가 되며, 스스로 안
정감을 느낀다. 이것은 반려견을 질 좋은 생활로 건강하게 살 수 있는 방법이
라는 것을 알기 바란다. 하지만 코를 사용하여 먹을 것을 찾아 먹게 하는 방법
은 잠시 효과를 볼 수 있지만 오랜 시간 반복을 하게 되면 먹을 것만 찾게 되거
나 먹을 것에 대한 흥미가 사라질 수 있다. 또는 먹을 것이 제공되어 있지 않

을 때는 스트레스로 기물을 파괴하는 행동도 생길 수 있으니 주의하기 바란다. 코를 사용하여 먹을 것을 찾는 행동은 아주 기초적인 과정으로 더 어려운 간식 이외의 과정으로 학습할 기회를 제공하여야 한다. 음식은 꼭 먹어야 되는 본능 이지만 남용되면 독이 될 수 있다.

Chapter 02

클리커 페어 트레이닝의 시작

· · ·

트레이닝을 할 때 다음의 사항을 염두에 두어야 한다. 트레이닝을 함께할 보호자가

먼저 준비가 돼 있지 않으면 트레이닝이 수월하게 진행되지 않으며,

오히려 반려견들에게 혼란을 줄 수 있다.

트레이닝 수칙 1 : 일체의 지시를 하지 않는다.

반려견을 키우는 보호자들은 대부분 반려견에게 습관적으로 지시를 내리는 데 익숙하다. 하지만 반려견들은 사람의 언어를 사용하지 않기 때문에 쉽게 알아 듣지 못하고 그저 지나치는 소음으로 여기거나 또는 행동한 것에 대한 격려로 인식할 수 있다. 또는 신호로 인식하기 때문에 프롬프트(힌트)가 되어 생각하는 것을 막을 수 있다.

지시를 뜻하는 영어 '코맨드(Command)'로 '명령'이라는 말로 해석되는데, 이와 같은 명령 신호를 클리커 페어 트레이닝에서는 일체 사용하지 않는다. 동물 행동 과학자들은 반려견에게 지시를 내리는 것을 'Q(큐)'라고 표현하며, Q를 '행동을 원하는 신호'라고 말한다. 하지만 Q를 남발하게 되면 지시를 기다리는 반려견으로 만들어져 스스로 생각하는 것을 멈추게 돼 보호자가 의도하는 것을 알아내기 힘들어진다. 클리커 페어 트레이닝은 가능한 스스로 생각하여 판단하는 반려견을 만드는 게 목표이기 때문에 Q도 최소한으로 해야 한다.

간혹 반려견에게 무언가를 지시할 때 손으로 신호를 주는 경우도 있는데 이를 '핸드 시그널(Hand signal)'이라고 하고, 몸으로 신호를 주는 경우를 '바디 시그널(Body signal)'이라고 하는데 이러한 시그널도 주지 말아야 한다. 지시어나 시그널 자체가 힌트가 되어 반려견의 생각을 막기 때문에 트레이닝을 할 때는 일체의 지시어 즉, 핸드 시그널과 바디 시그널이 없는 상황에서 해야 한다.

사람과 동물이 서로의 선택권을 존중하는 클리커 페어 트레이닝에서는 어떠한 강요도 하지 않는다. 100% 선택권을 가지고 있는 것은 반려견이고 사람이 할 수 있는 일은 반려견이 바람직한 행동을 하는 것이 자신에게 이롭다고 여길 수 있는 환경을 만들어 주는 것이다.

따라서 클리커 페어 트레이닝을 할 때는 가장 먼저 오는 자극은 꼭 클리커 소리이어야 한다.

트레이닝 수칙 2 : 하지 않았으면 하는 행동은 예방하거나 관리한다.

트레이닝 장소는 반려견이 불안해하지 않고 안전하게 느끼는 이미 적응한 장소이어야 한다. 트레이닝을 시작할 때 되도록이면 줄을 매지 않은 상황에서 선택권을 반려견에게 주고 시작하는 것이 인도적인 트레이닝이다.

하지만 주변에 반려견의 집중력을 방해할 것은 완벽하게 치워 두고 시작하는 것이 좋다. 예를 들어 간식이 떨어져 있거나, 장난감이 있을 경우 트레이닝을 방해할 수 있기 때문에 치워 두고 해야 한다. 특히 사람들이 왕래하는 곳이라면 장소를 바꾸어야 한다.

▲ 정리정돈된 교육 장소

교육의 시작은 밥을 먹기 전 허기가 질 때 반려동물이 좋아하는 잘게 썬 간식과 클리커를 준비하고 아무도 없는 둘만의 장소에서 시작한다. 즉 트레이닝 중다른 물건이나 사람 등에게 방해 받지 않는 곳이 좋다.

좋아하는 간식은 냄새가 폴폴 나는 것일수록 효과가 좋다. 오래 전에 방문 교육 시 어떤 것도 잘 먹지 않는 포식성이 떨어진 반려견의 교육 때 냄새가 심한 홍어를 사용하여 효과를 본 적도 있다. 그만큼 반려견들에게 후각이란 많은 정보를 얻고 유혹할 수 있는 기관인 것이다.

동물을 움직이게 하는 것 = 보상물(간식)의 중요성

보상물이라는 것은 일반적으로 동물이 좋아하는 모든 것을 칭한다. 모든 보상물은 동물을 움직이게 하는 원천이다. 그러므로 동물을 움직이게 하는 보상물의 종류가 많을수록 이롭다. 예를 들면 간식, 장난감, 보호자의 목소리, 보호자의 스킨십, 그 외 호기심을 자극하는 그 어떤 것도 보상물에 해당한다. 그런데 같은 보상물이지만 그 가치의 척도가 반려견마다 다르다. 예를 들면 아빠와 즐겁게 놀다 가도 아이가 부르면 아이에게 가는 강아지는 아빠보다 아이가 더 큰 보상으로 작용하고 있는 것이고, 이때 엄마가 부르면 다시 엄마한테 달려가는 강아지는 엄마가 가장 큰 보상물로 작용하는 것이다. 하지만 이때 옆집 주인이 강아지를 데리고 놀러 왔는데, 옆집 강아지에게 바로 달려가는 것은 보호자보다 호기심이 더 큰 보상물로 작용한 것이라고 생각하면 된다.

평상시 반려견과의 생활 중에서 보호자가 키우고 있는 반려견의 보상물 가치의 순서를 안다면 그때그때 상황에 맞는 행동을 예측할 수 있다. 행동의 예측은 바람직하지 않은 행동을 미연에 예방할 수 있고, 바람직한 행동에 대해서는 보상을 추가 제공해서 그 행동을 더 자주 일어나게 할 수 있는 것이다. 흔히들 먹을 것보다 앞서는 보상은 없다고 하지만 의외로 많은 걸 찾아낼 수 있을 것이다. 오늘부터 키우고 있는 반려견의 행동을 관찰해 보상의 척도를 가늠해 보기 바란다.

음식 중에도 기호성에 따라 보상물의 가치가 달라질 수 있다. 어떤 반려견은 소고기보다 돼지고기를 더 좋아하고, 고기보다 채소를 좋아하는 반려견들도 있다. 그래서 교육을 시작하기 전에 함께하고 있는 반려동물이 가장 좋아하는 간식과 다른 종류의 보상물도 알아 두어야 한다.

최소한 1번부터 5번까지 보상물을 차례대로 정해야 하며 1번, 2번은 집중이 안 되거나 위급한 상황에서 사용해야 하고, 3번부터 5번까지의 보상물은 트레이닝할 때 사용하되 어떤 간식이 나오는지 예측할 수 없게 제공해야 한다.

장난감으로 교육을 할 수는 있지만 회수하는 번거로움이 있으니 음식을 사용하는 것이 쉽게 트레이닝할 수 있다.

▲ 보상물로 활용할 수 있는 다양한 종류의 간식

▲ 딩고 코리아의 클리커

클리커 소리는 정답에 해당하는 행동을 마크하는 '브릿지(Bridge)'로 무한의 교육 도구이다. 브릿지란 '1차 강화자'의 등장을 약속하는 '2차 강화자'를 뜻한다. 즉 보상의 등장을 약속하는 신호이다. 1차 강화자란 살아가는 절대적으로 필요한 물, 공기, 음식 등을 말한다.

클리커 페어 트레이닝의 특징

클리커 페어 트레이닝은 다음과 같은 특징을 가진다.

🐾 100% 칭찬으로 절대 혼내지 않는다.

클리커 소리는 보상이 나온다는 의미로 행동에 대해 '맞았어'라는 의미만 전달하기 때문에 혼내거나, '틀렸어'의 의미는 포함되지 않는다. 정확한 의미는 칭찬보다는 '정답이야'가 정확한 말로 칭찬하는 감정적 의미의 트레이닝은 아니다. 때문에 절대적으로 칭찬하거나 혼내는 등의 의사를 전달하지 않는다.

🐾 자발적인 행동으로 잊어버리기 어려우며 스스로 문제 해결이 가능하다.

억지로 시켜서 한 행동은 잊어버리기 쉬우나 스스로 생각해서 행동을 하게 되면 문제에 부딪혔을 때 해결 과정이 쉬워진다. 또 사람이 도와주는 상황을 많이 겪은 반려견은 문제를 스스로 해결하는 능력이 없어지게 된다. 즉, 관리가 아닌 학습의 과정이다.

🐾 원격 트레이닝이 가능해진다.

문제 행동을 할 때 짖기 전에 클릭을 한다든지 멀리 떨어져 있을 때, 클리커 소리는 사람 목소리보다 명쾌하게 잘 전달되는 효과가 있어 잘하는 행동을 포착하기 수월하다.

🐾 타이밍을 잡기 쉽다.

반려견은 사람보다 세 배 정도 빠른 세계에서 살고 있기 때문에 사람의 말로 행동을 잡아내기가 쉽지 않다. 말로 칭찬을 해도 뭘 잘했는지 모를 수 있다. 하지만 클리커는 가능하다. 예를 들어 앉아 행동을 했을 때 순간 "옳지"라는 말을 했는데 그 순간 반려견이 일어났다면 일어서는 행동에 대해 칭찬을 한 것으로 이해할 수 있기 때문이다. 말보다 순간 포착이 훨씬 수월하다.

🐾 룰 변경이 쉽다.

어떻게 하면 클리커가 울릴까 생각하고 연구하는 반려견은 클리커로 새로운 룰을 만드는 데 수월하다. 특히 반려견이나 트레이너가 아닌 다른 사람이 클리커를 울리고 쉽게 가르칠 수도 있어서 사람을 무서워하는 반려견은 보호자가 간식을 제공하고 다른 사람을 시켜 클리커를 울리게 하면 보호자와 같은 좋아하는 감정을 만들 수 있다(분리불안 증세가 있는 반려견에게 효과적이며 사람을 좋아하게 만들 경우에도 효과적이다).

🐾 첫 만남에서도 가능하다.

클리커는 룰을 만드는 도구이기 때문에 룰을 알고 있는 반려견이라면 누가 하든 쉽게 가르칠 수 있다. 반대로 누가 해도 이해하지 못하는 경우는 트레이너가 제대로 룰을 가르쳐 주지 않았기 때문이다. 따라서 사람도 룰을 알고 있어야 한다.

Chapter 03

클리커 페어 트레이닝의 이해

• • •

행동 분석학의 고전적 조건화와
조작적 조건화 이론을 이해하면 클리커 페어 트레이닝에 대해 더욱 잘 이해할 수 있다.
이 두 이론은 파블로프와 스키너의 대표적 이론이다.

고전적 조건화

고전적 조건화란 개의 소화 기관을 연구하던 러시아의 생리학자 파블로프의
개의 침샘 반응 실험을 통해 만들어진 이론으로 소리 이후에 등장하는 음식과
의 연관학습을 증명한 이론이다.

쉽게 풀어 설명하자면 개에게 있어서 물, 공기, 음식은 없어서는 절대 안 되는
생존에 필요한 무조건 강화물인 1차 강화물이다. 파블로프가 개의 생존에 필
요한 대표적인 1차 강화물 중 대표적인 음식물을 종소리 이후 제공해 주었더
니 종소리만 듣고 침을 흘리는 조건 반사(반응 행동)가 나타나는 것을 발견하였
다. 이는 개가 종소리 이후 음식이 꼭 등장한다는 것을 인지하고 있다는 것을
증명한 실험이다.

▲ 파블로프의 개 실험

파블로프는 종소리 이외에도 빛에 대한 실험에서도 같은 방법으로 증명하였다. 하지만 종소리 이후 음식의 제공을 하지 않았더니 침을 흘리는 반응 행동이 사라지는 걸 알 수 있었다. 종소리 이후에 음식이 제공되지 않는다는 걸 인지하고 침샘 반응이 사라진 것이다. 이를 '소거'라고 표현하는데 클리커 페어 트레이닝을 할 때 클리커 소리 이후 보상이 제공되지 않을 시 소거가 진행된다는 것을 명심해야 한다. 즉, 이 말은 소리에 대한 믿음이 사라지는 것이다. 그래서 실수로 클리커를 눌렀다고 해도 꼭 보상은 제공되어야 한다. 소리에 대한 연관학습 이론을 가지고 클리커 소리와 보상물과의 연합과정을 클리커 용어로 '차징(Charging)'이라고 한다.

그런데 만약 종소리 이후 등장하는 것이 보상물이 아니라 혐오스러운 자극이면 어떨까? 존스홉킨스 대학(Johns Hopkins Universty)의 행동학자 존 B. 왓슨(John B. Watson)은 파블로프의 조건 반사 실험에서 힌트를 얻어 우연히 개를 무서워하는 아이를 보고 '개에 대한 공포를 다른 동물을 무서워하게 전이시킬 수 있을까?'란 의문을 가지고 '아기 알버트(Little Albert)'에게 공포전이 실험을 하였다.

▲ 아기 알버트 공포전이 실험[6]

그 실험은 비윤리적이었지만 놀라운 결과를 증명하였다. 털을 가진 동물에게 호기심을 보이던 알버트에게 털을 가진 동물이 등장할 때마다 공포스러운 소리를 내어 놀라게 만드는 상황을 연출하였다. 그랬더니 아기 알버트는 털을 가진 동물이 등장할 때마다 놀라고 우는 행동을 보였으며, 점점 동물이 아닌 털로 만들어진 인형을 볼 때도 같은 증상을 보여 공포도 전이가 된다는 걸 증명하였다.

고전적 조건화 이론에 따르면 소리 이후에 등장하는 것의 감정 상태에 따라 좋아하는 것이나 싫어하는 것 모두 뒤따라온다는 것을 명심하기 바란다. 예를 들어 무서워하는 천둥소리 이후에 아빠가 나타나면 아빠를 무서워하는 반려견이 될 수 있다. 연속되는 사건으로 감정 상태가 만들어진다는 것을 알아 두어야 한다.

클리커 페어 트레이닝을 위한 기본 수칙

클리커 소리와 반려견이 좋아하는 보상물과의 연관을 만드는 과정으로 차징

---

6 출처 : https://timeline.com/little-albert-fear-experiment-9152586f245

또는 충전이라고 표현하기도 한다. 반려견이 좋아하는 보상물의 제공으로 매우 인상적으로 좋아하는 소리로 인식하게 되는 과정이다. 그리고 이 과정은 생각을 거치는 상태가 아니라 반사적으로 나오는 과정이라는 것을 명심하자.

🐾 잘게 자른 습식 간식을 준비한다.

클릭 소리 이후 보상물(간식)을 제공하는데 간식의 크기는 한 번에 꿀꺽 삼킬 만한 크기여야 한다. 말랑말랑한 습식 간식이면 더욱 좋다. 간식이 커서 씹는 행동을 할 경우엔 방금 전에 한 행동을 까먹을 수도 있기 때문이다.
또 큰 간식일 경우 간식을 물고 교육 장소에서 이탈해 버리는 경우가 발생하기도 한다. 반려동물은 보상을 받기 직전의 행동을 기억한다는 것을 잊지 말자.

▲ 보상물로 쓰기 위해 잘게 자른 간식

🐾 클릭과 클릭 사이의 시간은 1초이다.

차징을 할 때 클릭과 클릭 사이의 시간은 1초로 빠르게 울려야 효과가 있다. 연속적으로 같은 패턴으로 일어나는 일을 쉽게 기억하기 때문이다.

🐾 한 가지 행동에 한 번의 클릭 이후 꼭 한 번의 보상을 제공한다.

한 가지의 행동 뒤에 클릭은 한 번만 울리고 클릭 소리 뒤엔 꼭 보상이 제공되어야 클릭 소리에 대한 믿음이 만들어진다. 만약 실수로 클리커를 울렸다고 해도 보상은 제공되어야 한다.

🐾 클릭 이후 간식을 제공하는 시간은 0.5~0.6초이다.

클리커 소리 이후 간식을 주는 건 0.5~0.6초로 아주 빠른 시간에 일어나야 한다. 이 시간은 생각을 거치는 시간으로 0.5~0.6초 후에 보상이 제공될 때 연관 학습이 가장 빠르게 제대로 만들어진다는 것이 밝혀졌다. 소리를 이해한 반려견에게는 생각을 하는 과정이 뒤따른다. 반사적으로 소리에 반응해야 학습이 가능해진다.

🐾 한 번에 빠르게 소리 낼 수 있도록 연습한 후 사용한다.

클리커는 두 번의 소리가 나는 도구이므로 최대한 빠르게 누르는 연습을 한 후 시작해야 좋은 효과를 볼 수 있다. 클리커 소리는 늦어도 1초에 한 번 울려야 한다. 클리커가 느리게 두번 울리면 앞뒤 어느 소리가 맞는 것인지 혼란을 줄 수 있다. 또 의도하지 않은 행동을 학습할 우려도 있어 정확한 의사 전달이 늦어질 수 있다.

TIP

클리커 연습 방법
공을 던져서 공중에서 정점에 있을 때 클릭하는 연습을 해 본다. 단, 이 연습은 한계가 있다. 왜나하면 반려견은 항상 같은 속도로 움직이지 않기 때문이다. 실제로는 더 빨리 움직일 수도 있고 더 느리게 움직일 수도 있다. 실제 반려견에게 시도하기 전에 충분히 연습해 보길 권한다. 차징은 클리커 소리 이후 간식이 꼭 들어온다는 약속이다.
클리커 소리는 딩고 코리아만의 소리 특허로 사용하는 건 관계없지만 출처를 밝히고 사용해야 한다.

• 트레이닝 영상 QR •

▲ 차징과 핸드터치 시연 : 트레이닝 영상 1

🐾 장난으로 클리커를 누르지 않는다.

클리커를 손에 차고 다니면 본의 아니게 누르고 싶은 충동이 생기거나 실수로 누르는 행동을 하게 된다. 그런데 그 순간 한 행동을 학습하게 되므로 절대 장난으로 누르는 행동을 하지 않기를 바란다. 장난으로 클릭 소리를 내었다고 해도 꼭 보상물(간식)은 제공되어야 클릭 소리에 대한 믿음이 사라지지 않는다.

🐾 "이리와"에 클리커를 사용하지 않는다.

반려견이 불러도 오지 않을 때 간혹 클리커 소리를 내어 오게 만드는 상황이 발생하는데 절대 '이리와'에 클리커를 사용하지 않기 바란다. 소리 직전의 행동을 학습하게 되는 결과를 만들기 때문이다.

🐾 클리커 소리를 무서워할 때는 시간을 두고 점진적으로 소리를 키워 나간다.

클리커 소리를 무서워하는 반려견을 가끔 볼 수 있는데 반려견의 귀에 대고 마구 눌러서 적응시키려하는 보호자들이 간혹 있다. 이것은 절대 해서는 안 되는 행동이다. 오히려 소리에 대해 더 예민해지게 만들 수 있기 때문이다. 작은 소리부터 점점 적응시켜서 큰소리로 적응할 수 있도록 배려를 해 주어야 한다. 다음 사진과 같이 클리커를 손수건으로 감싸 소리나 모양에 적응할 시간을 주는 것이 좋다.

▲ 손수건으로 감싼 클리커

🐾 **사료를 먹기 전 배고플 때가 효과적이다.**

배고플 때 트레이닝하는 것이 효과적인 것은 사실이지만 그렇다고 반려견을 굶겨야 한다는 것은 아니다. 오히려 굶긴 상황에서는 반려견이 초조한 상황이라 더 집중할 수 없고 먹을 것에 집중해 생각하지 않게 된다. 반려견이 좋아하는 보상물을 찾는 데 더 신경 쓰기 바란다.

🐾 **꼭 시작과 끝을 알려 준다.**

시작과 끝을 알려 주어서 트레이닝 시간 내에 전력 질주를 할 수 있도록 한다.

🐾 **Q를 꼭 설정해 주고 클리커의 소멸, 간식의 소멸을 만들어간다.**

클리커 페어 트레이닝의 룰은 행동을 만들어 준 후 그 행동에 맞는 언어를 붙이는 과정으로 꼭 Q를 설정해 주어야 한다. 그래야만 사람의 말에 귀를 기울이고 Q 사인을 했을 때만 행동을 하게 된다. 그리고 클리커를 없애는 과정과 간식을 없애는 과정을 만들어 주어야 간식을 바라는 행동을 하지 않게 된다.

🐾 두 가지 칭찬의 말을 만들어 주어야 한다.

한 가지는 보상을 제공하는 말과 한 가지는 칭찬만하는 말로 클리커 소리처럼 꼭 보상을 주는 말을 만들어 주어야 실망하지 않도록 배려하여 가르칠 수 있다.

• 트레이닝 영상 QR •

▲ 차징과 잘못된 차징 : 트레이닝 영상 2

• 트레이닝 영상 QR •

▲ 차징의 규칙 : 트레이닝 영상 3

잘못된 연관학습(차징)은 교육의 성과를 높일 수 없고, 그냥 지나치는 소리에 불과하게 만들기 때문에 정확하게 트레이닝의 순서를 지켜야 연관학습을 할 수 있다. 또한 클리커를 사용하는 이유는 모든 동물이 그러하듯이 사람의 말을 쉽게 이해할 수 없을 뿐 아니라 이해하는 데 시간이 오래 걸리기 때문에 클리커 소리를 활용하는 것이다. 클리커 소리를 통한 차징은 1초에 한 번 클릭한다.

클리커 소리는 감정이 없는 중성 자극으로 사람의 언어보다 아주 빠르게 일어나고 명쾌하고 단순한 소리로 행동을 지정해 주며, 반려동물의 입장에서는 훨씬 이해하기 쉽다.

풀어서 설명하자면 반려동물은 언어적 동물이 아닌 이유도 있지만 관찰 능력은 사람보다 우월한 능력을 가지고 있기 때문이다. 감각이 뛰어난 사람을 간혹 동물적 감각을 가졌다고 비유해 얘기하는 것을 이해하면 된다.

만약 귀가 안 들리는 경우에는 빛을 사용하거나 장애에 맞는 자극을 사용하면 도움이 된다.

차징을 활용한 문제 행동의 수정 팁

차징의 원리는 연관학습으로 여러 가지 문제 행동을 수정하는 데 매우 유용한 학습 방법이다. 가령 집안에서 초인종 소리에 짖는 반려견을 수정할 때도 이 원리로 적용 가능하다.

예를 들어 초인종이 울리면 짖는 반려견의 경우 초인종 소리 이후에 사람이 들어오는 신호로 알고 보호자에게 알리는 행동을 한다거나 또는 낯선 사람이 들어온다는 걸 알리려고 짖는 경우가 있다. 하지만 이 짖음이 주변에 민폐가 될 수 있으니 보호자들은 "조용히 해!"라던가 짖지 못하도록 안는 행동을 하기 쉽다. 이렇게 관리 받은 반려견은 고쳐지지 않고 더 크게 짖는 걸로 악화되는 걸 볼 수 있다.

이럴 때 차징의 경우처럼 '초인종 소리 = 간식'을 제공하여 초인종 소리 다음에 사람이 나타나는 게 아니라 간식이 들어온다는 것을 선행 교육을 시키면, 쉽게 짖음이 멈출 것이다. 즉, '초인종 소리 = 간식'이 성립될 수 있게 30번 정도 반복하면 된다. 한 번에 또는 하루에 안 될 수 있으니 여러 번 횟수를 나누어 반복하기 바란다.

또 특정 소리를 무서워한다면 그 특정 소리를 녹음을 한 후 아주 작게 들려 주고 간식을 제공하는 방법으로 소리 두려움도 극복할 수 있다. 차징은 고전적 조건화 이론으로 감정적인 부분을 바꾸거나 또는 상태를 만드는 데 아주 유용한 이론으로 클리커 페어 트레이닝에서는 중요하게 다루어지고 있다.

• 트레이닝 영상 QR •

▲ 소리에 대한 조건 형성 : 트레이닝 영상 4

간혹 무서워하는 물건이나 사람이 있다면 교육할 때 주변에 두고 해도 효과를 볼 수 있으며, 연관학습을 이용해 사물이나 사람에 대해서도 효과를 볼 수 있다. 초인종 소리 경우보다 더 많은 50번 정도 반복하면 수정될 수 있다.

몇 번 반복하라고 숫자를 명시하는 이유는 최소한 50번 정도는 해야 하기 때문이다. 또한 반복하는 도중 반려견보다 사람이 지쳐서 포기하는 것을 막기 위해서 이기도 하다. 오랜 기간 지속된 문제 행동이라면 더 많이 반복해야한다.

• 트레이닝 영상 QR •

▲ 노크 소리 적응 : 트레이닝 영상 5

차징의 원리(연관학습)로 두려운 대상을 좋아하게 만드는 것도 가능하다. 물론 트라우마가 만들어진 경우에도 응용하면 좋은 결과를 낼 수 있는 방법이지만 너무 조급하게 빨리 시작하면 오히려 더 큰 트라우마로 만들 수 있다는 걸 명심하기 바란다.(영상 참조)

조작적 조건화

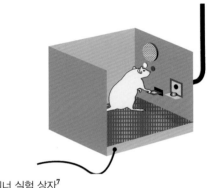

▲ 스키너 실험 상자[7]

조작적 조건화 이론은 노벨 과학상을 수상한 행동주의 심리학자 스키너 박사가 쥐 실험을 통해 만들어진 이론으로 보상의 제공과 제거 또는 체벌의 제공과 제거에 의해 행동을 하게 하거나 하지 않게 하는 이론을 말한다.

스키너는 스키너 상자를 만들어 배고픈 쥐를 상자에 넣고 실험을 하였다. 상자에는 레버를 밟을 때마다 사료가 한 알씩 떨어지게 장치를 만들어 두어 실험을 하였다. 배가 고픈 쥐는 상자 안을 돌아다니다 우연히 레버을 밟는 행동을 하게 된다. 우연히 밟은 레버로 인해 떨어진 사료를 먹은 쥐는 다시 돌아다니다 또 다시 레버를 밟고 사료를 먹게 된다. 이후 레버와 사료의 연관관계를 학습한 쥐는 배고플 때마다 레버를 밟는 행동을 하게 된다는 행동원리를 설명하고

7　출처 : http://premium.mk.co.kr/view.php?no=18460

있다. 하지만 여기서도 레버를 밟을 때마다 제공되던 사료를 어느 시점부터 제공하지 않자 레버를 밟는 행동을 멈추는 걸 알게 되었고, 멈추는 행동을 하기 전에 레버를 두 번 또는 세 번도 누르는 행동도 하게 되는 것을 발견하였다. 두 번, 세 번 행동을 반복한 뒤엔 누르는 행동이 순차적으로 사라지는 걸 발견하였는데 보상의 제공이 없어지자 레버 누르는 행동을 하지 않는 것을 '소거'라 하였다. 그리고 소거가 되기 전에 두 번, 세 번 누르는 행동을 '소거 폭발'이라고 했다. 그래서 동물은 소거가 되기 직전에 소거 폭발이라는 큰 행동이 존재하고 있다는 것도 증명하였다.

반려견의 짖는 문제를 수정할 때 중요한 점은 짖는 행동에 무관심하게 되면 점차적으로 짖는 행동이 줄어들게 되지만 어느 순간 평소에 짖던 것보다 더 크게 짖은 후에 없어지게 된다는 뜻이기도 하다. 이 부분은 기억해 두기 바란다.
특히 학습원리 조작적 조건화에서 말하고 있는 것은 행동에 관한 부분으로 전 세계적으로 사용되고 있는 원리이지만 딩고의 클리커 페어 트레이닝에서는 고전적 조건화 이론을 더 중요하게 사용하고 있다.
이유는 클리커 페어 트레이닝에서는 행동에 클릭을 하기 때문이다. '앉아'를 가르칠 때 앉았다가 바로 일어나거나. 하우스를 가르칠 때 이동장에 들어갔다가 바로 나오는 것을 볼 때 알 수 있다. 행동에 클릭을 하기 때문에 나오는 함정이다.

즉, 행동을 만들 수 있지만 앉아 있는 상태 또는 하우스 안에 있는 상태는 행동을 클릭해서 만들 수 없기 때문이다. 현재 조작적 조건화 이론이 주류인 클리커 페어 트레이닝보다는 더 강력한 효과를 가진 고전적 조건화 이론에 주목하는 것이 효과적이고 효율적인 학습법이다.
딩고의 클리커 페어 트레이닝은 몸의 상태나, 마음, 참기(인내) 등의 상황에 맞게 클릭을 하여 반려견과의 고차원적인 소통을 할 수 있다.
조작적 조건화의 기본은 체벌과 보상의 제공과 제거에 의해 행동의 증가 또는 감소를 만들 수 있다는 이론으로 기억하자(4가지 강화법에 대한 설명은 파트 4 문제 행동 편에 수록되어 있다). 보상을 받은 행동은 기억하고 반복하는 것이 클리커 페어 트레이닝의 기본이다. 후에 설명하겠지만 '칭찬만으로 문제 행동을 그만 두게 할 수 있을까?'란 질문에 깊이 고민하기 바란다.

행동 형성 이론

A) Antecedent – 원인, 계기, 또는 선행사건, 동기
B) Behavior – 행동
C) Consequence – 결과

모든 유기체의 학습은 행동 분석학의 행동 형성 이론으로 계기가 있으며, 행동을 한 후 결과에 따라 그 행동을 반복하게 되거나 하지 않게 된다. 즉, A〉B〈C가 성립이 된다. 예를 들면 초인종 소리 이후 반려견이 짖자 보호자가 방에서 나와 짖는 반려견을 안거나 짖지 말라고 관심을 주었을 때 관심 받은 반려견은 오히려 짖는 행동을 반복하게 된다.

하지만 안거나, "짖지 마!"라는 관심 대신 보호자가 방으로 사라지는 무시하는

▲ 행동 형성 이론

행동(무관심)을 하게 되면 짖는 행동을 멈추게 할 수 있다. 이처럼 모든 유기체는 결과가 어떻게 제공되는지에 따라 그 행동을 유지하거나 행동이 사라지게 된다.

다른 예로 산책을 하는 반려견의 경우 '1. 산책을 나간다.(계기) → 2. 줄을 당긴다.(행동) → 3. 보호자가 줄을 늘려 앞으로가는 보상을 받는다.(결과)'가 성립이 되는 것이다.

❶ 계기 : 산책을 나간다.

❷ 행동 : 반려견이 줄을 당긴다.

❸ 결과 : 보호자가 가만히 서 있어서 앞으로 갈 수 없다.

바로잡는 방법은 다음과 같다.

줄을 당기면 갈 수 없다는 결과를 얻은 반려견은 더 이상 당기지 않는다.

그리고 대안 행동은 다음과 같다.

❶ 산책을 나간다. (원인)

❷ 줄을 당기지 않고 줄이 느슨해진다. (행동)

❸ 앞으로 가는 보상을 제공한다. (결과)

위의 두 가지를 연결해서 다음과 같이 할 수 있다.

❶ 산책을 나간다.
❷ 줄을 당기면 선다. 그리고 줄이 느슨해지면
❸ 앞으로 나간다.

결과로 줄이 느슨한 상태로 산책을 하게 되는 것이다.
아주 쉽게 할 수 있는 핸들링 기법이다. (실습편의 영상을 참고하기 바란다)
또 다른 예로는 다음과 같다.

❶ 안아 주는 걸 싫어하는 반려견
  안아 준다 〉 깨문다 〉 풀어 준다
  '깨물면 풀어 준다'를 학습
❷ 소리가 난다 〉 짖는다 〉 보호자가 나타남
  소리가 나면 짖는 반려견이 된다.
❸ 개가 나타난다 〉 짖는다 〉 보호자가 말리거나 안아 준다.
  개가 나타나면 짖어야 되는 걸 배운다.

결과에 의해 행동이 만들어진다는 학습 원리이다. 클리커 소리는 2차 강화자
이면서 행동의 결과에 해당한다. 그러므로 바람직한 결과에 클릭하고 보상을
제공하여 행동을 또 일어나게 해야 한다. 행동 형성 이론과 클리커만 있다면
반려견을 가르치는 데는 문제가 없다.

PART 03

클리커 페어 트레이닝 실제

단순히 클리커 라는 도구로 '개'를 훈련하는 것이 아닌, 페어 트레이닝을 강조한다. 강압적인 훈련이 아닌 정보를 주는 교육의 개념이다. 반려견과 반려인이 서로 동등한 입장에서 신뢰를 쌓아 신뢰를 통해 행동을 이끌어내는 것이다. 무엇보다 중요한 것은 신뢰를 바탕으로 트레이닝하고, 신뢰를 깨뜨리지 않게 존중해 주는 것이다. 앞에서 배운 개와 클리커 트레이닝에 대한 이해를 기반으로 이 파트에서는 실제적으로 필요한 트레이닝 방법들을 알려 준다.

Chapter 01

클리커의 사용법

· · ·

클리커 사용법으로는 쉐이핑(Shaping), 캡처링(Capturing), 행동의 끝,

상태 만들기, 사회화가 있다. 클리커는 사용법이 다양한 무한의 도구이다. 하지만 사용법을

정확하게 익혀야 제대로 된 효과를 얻을 수 있다. 다음의 사용법을 제대로 숙지하길 바란다.

가장 중요한 것은 반려견 스스로 생각하게 만드는 것이다.

뇌를 자극하여 놀이를 할 때처럼 좋은 호르몬이 뇌에서 분비되게 해야 한다.

쉐이핑(Shaping)

쉐이핑이란 형태를 만들어가는 것을 뜻하며. 복잡한 행동을 세세히 나누어 클릭하면서 행동을 만들어가는 것이다. 예를 들어 지정된 방석에 반려견을 앉히거나, 원하는 행동을 만들 때 유용한 방법이다.

• 트레이닝 영상 QR •

▲ 방석 타겟 트레이닝 : 트레이닝 영상 6

캡쳐링(Capturing)

'순간을 포착한다'의 뜻이며, 반려견이나 반려묘가 앉아 있는 순간이나 엎드려 있는 순간을 포착하여 그 행동을 반복하게 하는 방법이다. 보상 받은 행동을 개들은 기억하고 반복한다.

• 트레이닝 영상 QR •

▲ 캡쳐링 트레이닝 : 트레이닝 영상 7

행동의 끝

클리커 소리는 행동이 끝났음을 반려견에게 알리는 소리 신호이다. 다음 행동으로 연결하지 않고 바로 보상 받는 위치로 돌아오는 행동을 하게 되는데, 문제 행동을 해결할 때 사용하면 유용하다. 예를 들어 짖기 전에 클릭한다든지, 산책 보행을 할 때 줄을 당기기 전에 클리커를 울려서 문제 행동을 사전에 막을 수 있다.

• 트레이닝 영상 QR •

▲ 행동의 끝 : 트레이닝 영상 8~10

• 트레이닝 영상 QR •

▲ 행동의 끝과 Q의 설정 : 트레이닝 영상 11

상태 만들기

모든 보호자들이 반려동물에게 하는 말의 목적은 상태를 원하는 것이다. 즉, "앉아"를 시켰을 때는 앉아 있기를 원하는 것이고, "이리와"라고 했을 때는 이리와 앉아 있기를 바라는 것이다. 모든 말에 대해 행동을 하는 상태를 원하고 있다는 것이다.

클리커 페어 트레이닝에서는 클리커가 울리는 순간이 행동이 끝이라는 것을 이미 반려동물이 알고 있기에 조금씩 클릭의 타이밍을 미루어 가면서 앉아 있는 상태로 만들면 된다. 단, "기다려"의 의미는 따로 알려 주어야 한다. 이것은 딩고에서만 사용하는 스킬로 '미루기 스킬'이라고 표현한다.

▲ 상태 만들기 : 트레이닝 영상 12

• 트레이닝 영상 QR •

사회화의 사용법

반려동물들은 학습을 할 때 시각 또는 청각으로부터 정보를 수집하여 기억한다. 물론 싫은 상황이나 사물 등도 시각, 청각을 통해 학습된다.

이미 차징이 된 반려동물은 클리커 소리는 좋아하는 소리로 인식이 되어 있기 때문에 처음 보는 사물에 클릭 = 보상을 제공해 주면서 사회화 교육을 진행할 수 있다.

▲ 야외에서 대견, 대인 상황을 통한 사회화 학습

Chapter 02

이름과 타겟 트레이닝

• • •

사람들은 반려동물을 입양하고 나면 이름을 붙인다.
그리고 여러 상황에서 이름을 부르지만, 반려동물이 그 이름에 대해서
어떻게 느끼는지 많이 생각하지 않는다.
반려동물이 자신의 이름을 바르게 인식하고 좋은 감정을 갖게 만들자.

반려동물의 이름 인식

반려동물의 이름을 부를 때는 사람에게 얘기할 때처럼 모순이 없어야 한다. 예를 들어, 이름만 부르거나 이름 속에, 부르는 것 외 이리와, 가자, 밥 먹자 등의 다른 의미를 함축해서 부르지 말아야 한다. 즉, 이름은 '호칭'의 의미로만 사용해야 하므로, 이름을 부른 이후 의도하는 말을 붙여서 사용해야 한다. 따라서 이리와를 시키고 싶으면, "지아, 이리와", 앉아를 시키고 싶으면 "지아, 앉아"의 방법으로 이름 뒤에 행동을 요구하는 Q를 붙여서 사용해야 반려견들도 정확하게 자신의 이름을 알 수 있게 된다. 만약 이름을 여러 의미로 담고 사용한다면 반려견을 분위기를 보고 파악해야 하는 상황에 처하므로 스트레스를

받거나 긴장하거나 안좋은 상황에서 부르기 때문에 분위기를 잘못 파악했을 때는 엉뚱한 행동을 하는 잘못된 학습으로 이어질 수 있다.

이름을 부르면 지금 중요한 얘기를 할테니 잘 들어줘 라는 식의 아이 컨택이 아닌 이어 컨택의 의미로, 요구하는 의미로 사용해야 정확한 사용 방법이다. 말을 사용함에 있어서 사람에게 사용했을 때 모순이 있다면 반려견들도 이해하기 힘들 수 있다는 것을 명심해야 한다.

트레이닝의 종류

✿ 타겟 트레이닝(Target Training)

목표를 가지고 하는 트레이닝으로 물건을 물거나, 어디로 가 있다거나, 목표를 가진 행동을 만드는 데 사용된다. 예로, 하우스, 핸드 터치, 안테나 터치, 물어와, 자리로 등 다양한 행동이 많이 있지만, 타겟 트레이닝 시 첫 번째 클릭은 쳐다보는 순간에 이루어져야 한다. 그리고 점점 목표와 가까워지는 순간마다 세세하게 클릭을 하여 목표에 도달하도록 한다. 영상을 보면서 클릭하는 타이밍을 참고하기 바란다.

▲ 정확한 이름 사용 방법 : 트레이닝 영상 13

• 트레이닝 영상 QR •

• 트레이닝 영상 QR •

▲ 안테나 타겟 트레이닝 : 트레이닝 영상 14

🐾 논타겟 트레이닝(Non Target Training)

아무것도 없는 상황에서 자신의 몸을 움직여 완성하는 앉아, 엎드려 등 행동을 가르치는 것을 말한다.

▲ 앉아, 엎드려 트레이닝

논타겟 트레이닝은 클리커 트레이닝을 할 때에는 주로 캡쳐링을 사용하여 진행할 수밖에 없다. 이유는 유도로 가능한 트레이닝이기 때문이다. 유도는 행동을 빨리 끌어낼 수 있지만 동물에게 생각할 수 없게하는 방법이기 때문에 엄밀하게 얘기하면 클리커 페어 트레이닝은 아니다. 이 부분을 정확하게 구별해 이해하고 넘어가길 바란다.

Chapter 03

핸드 터치

· · ·

동물들에게 친근감을 표시하기 위해 신체 접촉을 할 때 무심코 손바닥을 내미는 사람들이 많다.

사람은 주로 손바닥으로 사람과의 친밀감과 친근감을 표시한다.

악수를 하거나 등을 토닥이거나, 얼굴을 어루만져 주는 등 손바닥으로 상대방에게 마음을 전한다.

그런데 반려동물들에게도 손바닥이 과연 친밀한 느낌으로 다가올까?

타겟 트레이닝 - 손등에 코 터치하기

▲ 개의 코에 손등을 대는 핸드 터치

· 트레이닝 영상 QR ·

손등에 코를 터치하는 이유는 있다. 손바닥에 할 수도 있지만 손등에 하는 이유는 손에는 두 가지 감정을 가지고 있기 때문이다. 반려견을 붙잡거나, 발톱을 깎거나, 빗질이나 미용 등 손으로 인한 행동으로 인해 손에 대한 나쁜 감정이 생길 수 있기 때문에 손바닥 대신 손등을 사용하는 것이다. 처음 만나는 반려견에게도 손등을 내미는 이유도 마찬가지 이유에서다.

처음 만나는 반려견에게 손등을 내밀었을 때 가까이 다가온다면 호의적이라고 판단해도 좋다. 하지만 다가오지 않거나, 고개를 돌리는 행동을 하는 반려견에게는 다가가지 않는 것이 반려견을 배려하는 행동이다.

▲ 트레이닝은 둘만의 조용한 공간에서 시작한다.

차징 이후에 진행하는 트레이닝 역시 둘만의 공간에서 진행하는 게 좋다.

🐾 손등 핸드 터치 트레이닝 진행 방법

❶ 트레이너는 아무런 신호나 움직임이 없이 손등을 내밀고 기다린다.

❷ 트레이닝이 시작된다는 걸 알고 있는 반려견은 무언가를 하기 위해 움직일 것이다. 항상 손에서 보상물이 등장한다는 걸 습득했기 때문에 반려견은 손으로 다가올 것이다. 이때 클릭 = 보상을 제공한다.

❸ 손이 가만히 있어도 반려견이 계속해서 손등에 터치를 하기 시작하면 손등을 왼쪽. 오른쪽. 위. 아래로 움직여 반려견이 정확하게 보상 받는 이유를 확인해 볼 필요가 있다. 보상 받는 이유를 정확하게 알고 있다면 점점 난이도를 높여가며 손등을 움직여 클릭 = 보상을 제공한다.

❹ 손등이 어디에 있든 반려견이 손등에 코를 터치를 한다면 Q를 붙여 간다. 정확하게 손등에 코를 대는 순간 "터치"라고 Q를 붙여가며 지금하는 행동에 대한 언어를 가르쳐 주는 것이다.

그다음은 반려견이 행동을 하기 전에 "터치"라고 미리 앞서서 Q를 붙여 행동을 할 때 클릭 = 보상을 제공해 준다.

▲ 핸드 터치 : 트레이닝 영상 15

• 트레이닝 영상 QR •

Q의 등장

Q란 사람이 언어를 입히는 과정으로 명령, 지시라는 표현 대신, Q라고 표현하는데 사람이 보내는 Q 사인이 있을 때가 더 이롭다는 걸 가르쳐 주는 과정이다. Q를 할 때마다 손등에 코를 터치하는 행동을 한다면 Q를 붙이지 말고 기다려 본다. Q가 없을 때에도 손등에 코를 터치를 하게 될 것인데 반려견이나 모든 유기체는 보상 받은 행동을 기억하고 반복하기 때문이다. 이것을 알고 Q가 없을 땐 클릭을 하지 않는다. 그리고 Q 사인을 주어 다시 보상 받을 기회를 만들어 가면서 Q 사인이 있을 때 보상이 나온다는 변별력을 심어 주어야 한다. 이렇게 되면 사람이 말을 할 때 Q 신호를 주며 행동하는 것이 훨씬 가치가 있다는 것을 학습하게 된다.

• 트레이닝 영상 QR •

▲ Q의 등장과 변별 : 트레이닝 영상 16~17

클릭과 간식의 소멸, 그리고 칭찬의 두 가지 말

소멸은 아주 중요한 과정 중 하나로 평생 클리커와 간식을 가지고 다니며 키울 수 없기 때문에 클리커 소리도 간식도 사라지는 과정을 만들어 주어야 한다.

Q를 반려견이 알게 되면 Q 이후에 하는 행동에 클리커 소리 대신에 "옳지" 또는 "굿"이라고 말을 해 주는 것으로 클리커 소리를 대신하면 된다. 간식을 없애는 타이밍은 "옳지"라고 말을 했을 때는 스킨십이나 놀아 주는 행동으로 보상을 만들어 주고 "굿"이라는 말을 했을 때는 간식을 주는 방법으로 점점 "굿"과 "옳지"의 변별을 만들어 주어 간식이 없을 때도 "옳지"라고 잘했다는 표현을 해 주면 된다.

일반 클리커 트레이닝에서는 이 두 가지 말을 사용하지 않는 방법으로 딩고 클리커 페어 트레이닝에서만 사용하는 스킬이다. 이는 반려견에게 실망감을 주지 않기 위함으로 클리커 소리는 꼭 보상이 나온다는 신호이므로 클리커 소리를 대체하는 사람의 말 뒤엔 꼭 보상이 등장하는 믿음을 주어야 한다.

또 항상 간식을 들고 다니는 불편함과 간식에 의존하지 않는 반려견으로 만들기 위해 칭찬의 말을 사용한다. 모든 행동을 만든 뒤에는 꼭 클릭의 소멸과 간식의 소멸 그리고 두 가지의 칭찬이 진행되어야 한다.

논타겟 트레이닝 - 손등 타겟 활용

손등에 타겟이 완성이 되면 손등을 활용하여 논타겟 트레이닝을 할 수 있다. 이 손등 타겟을 활용한 앉아, 엎드려, 빵, 굴러, 가르치기 등을 가르칠 수 있는 것이다.

손등에 타겟이 완성되면 손등을 따라다니게 되는데 반려견이 서 있는 상태에서 손등을 아래쪽에서 위로 올리면 반려견은 손등을 따라 고개가 올라가면서 엉덩이는 내려가는 행동을 하게 된다.

이때 엉덩이가 땅에 닿는 순간을 포착하여 클릭 = 보상을 제공한다. 여러 번 반복해서 반려견이 익숙해지면 Q 사인을 붙여 준다. 앉는 행동을 하는 동시에 "앉아"라고 행동에 맞는 언어를 알려 준다. 그다음 손등으로 유도하는 행동을 없애고 기다려 본다. 만약 앉는 행동을 한다면 클릭 = 보상을 제공하지만 그렇지 않을 경우엔 손등을 올려 주며 유도를 해 행동을 더 강화한 후 시도해 본다. 행동이 강화가 됐는지 여부는 아무 신호 없이 기다려 보면 알 수 있다. 아무 신호 없이 기다릴 때 반려견은 보상 받은 행동을 기억하고 반복하기 때문이다. 차라리 이때 클릭 = 보상을 제공해 주어 Q에 대한 변별을 심어 주는 것도 방법이다.

또 다른 방법으로는 방안에서 어느 순간 앉는 상황을 포착하여 클릭 = 보상을 제공하는 방법이다. 쉽게 이해를 못하는 방법이긴 하지만 매번 앉는 행동을 볼 때마다 포착을 하게 되면 반려견은 보호자가 나타나면 앉는 행동을 반복하게 될 것이다.

• 트레이닝 영상 QR •

▲ 엎드려 응용 : 트레이닝 영상 18

엎드려, 빵, 굴러 가르치기

엎드려는 앉아와 다른 방법으로 손등을 바닥 쪽으로 내리며 가르치면 된다. 손등을 반려견 앞다리 쪽으로 내리며 엎드리는 행동이 만들어졌을 때 클릭 = 보상을 제공하여 행동을 만들어 가면 된다. 앉아와 마찬가지로 Q는 엎드리는 행동을 할 때 붙여 주며 이후엔 행동을 하기 전에 Q를 붙여 주어 사람이 말을 했을 때 행동하는 편이 이롭다는 것을 정확하게 알려 주어야 사람 말에 귀를 기울이는 반려견이 된다.

모든 행동은 만들기는 쉽지만 행동에 맞는 언어를 붙여 주는 것은 쉽지 않으므로 항상 위의 규칙에 따라 행동을 만든 후에 적절한 단어를 붙여 주어 서로 소통할 수 있도록 한다. 빵이나, 굴러 행동도 영상을 보며 따라해 보기 바란다.

엄밀히 말하면 이 방법은 클리커 페어 트레이닝은 아니다. 특정 행동을 유도하고 있으므로 개의 생각과 판단을 차단하고 있기 때문이다. 다만 클리커를 사용한 트레이닝을 설명하는 과정에서 활용한 것이라고 이해하길 바란다. 이런 행동을 트레이닝은 굳이 클리커를 사용하지 않아도 되며, 딩고의 피드백 트레이닝으로 가르쳐도 효과적이다. 전문가를 위한 과정보다 일반 보호자를 위한 트레이닝 과정이라고 이해하면 된다.

• 트레이닝 영상 QR •

▲ 핸드 터치 활용 : 트레이닝 영상 19~23

산책 보행

산책은 보호자들이 힘들어하는 부분 중 하나인데 특히 대형견을 키우는 여성 보호자들은 포기하는 분들이 많을 정도이다. 어려워 보이지만 손등 터치를 가르치면 쉽게 가르칠 수 있다. 그리고 행동 형성 이론에 따라 클리커를 사용한다면 아주 쉽게 스트레스 없이 가르칠 수 있다.

시작은 조용한 방안이나 외부와 차단이 되어 있는 곳에서 시작하는 것이 좋다. 방해를 받지 않기 위해서다. 특히 흥분 상태인 개가 줄을 당기기 때문에 보호자가 말하는 소리가 들리지 않을 뿐더러 오히려 줄을 더 당기라는 격려의 소리로 작용할 수 있기 때문이다.

앞에서 얘기한 행동 형성 이론을 기억하고 있다면 반려견이 줄을 당기는 이유에 대해 이해했을 것이다. 결과에 의해 행동이 만들어지는데 결과가 좋으면 행동이 증가하고, 결과가 나쁘면 행동이 감소한다는 이론이다. 줄을 당길 때마다 계속해서 반복적으로 줄을 풀어 준다면 행동은 더 크게 만들어져 주체할 수 없는 상황으로 진전이 될 것이다. 하지만 방법이 없는 것은 아니다. 핸드 터치만 알면 된다.

핸드 터치를 알고 있는 대형견이라면 바로 시작할 수 있다. 반려견과 같이 서

• 트레이닝 영상 QR •

▲ 대형견 산책 : 트레이닝 영상 24

있는 자세에서 시작하는데 왼손을 살짝 내밀고 시작하면 된다. 왼손을 내미는 이유는 왼쪽에 반려견을 데리고 다니기 위해서다. 왼쪽에 반려견을 데리고 다니는 이유는 정확하지는 않지만 영국의 사냥꾼들에게서 유래가 되었는데 오른손에 사냥용 총을 들고 다니기 때문에 반려견과 총과의 접촉을 없애기 위해 왼쪽에 두고 다닌 것이 유래가 되었다고 한다. 그리고 대부분의 사람들은 주로 오른손을 사용하기 때문에 오른손엔 짐을 들고 다니는 것을 고려한다면 반려견은 왼쪽에 서서 걷게 하는 것이 좋을 듯하다.

• 트레이닝 영상 QR •

▲ 산책 보행 연습 : 트레이닝 영상 25~32

🐾 산책 보행 밥법

❶ 가만히 서 있는 상태에서 왼손에 터치를 하기 시작한다.

❷ 가르치는 보호자는 한 걸음씩 앞으로 이동하며 손등에 터치를 할 때 클릭 = 보상을 제공해 준다.

❸ 한 걸음씩 진행하는 것이 만들어지면 두 걸음씩 진행을 한다.

❹ 그다음 세 걸음. 네 걸음. 다섯 걸음으로 진행해 가면서 점점 많은 걸음을 걸은 후 보상을 주는 타이밍이 만들어질 것이다.

❺ 열 걸음 정도까지 진행이 되었다면 이제부터는 두 걸음 후 클릭 = 보상. 다섯 걸음 후 클릭 = 보상을 진행할 몇 걸음 후 보상을 주는지 알 수 없게 다시 진행하여야 한다. 그래야만 밖에서 산책을 할 때 간식을 보채지 않고 산책을 하는 데 집중할 수 있게 된다. 이 단계까지 진행이 되었다면 밖으로 나갈 준비를 해야 하는데 주의사항이 있다. 아래의 주의사항을 참고한다.

TIP

> ### 산책 시 주의사항
>
> 이 단계까지 잘 진행했다고 해도 외부에서는 잘 못할 수도 있다. 외부에는 호기심거리도 가득하고, 방해물도 많기 때문이다.
> 처음부터 너무 많은 기대는 하지 말고 시작하기를 권한다. 처음엔 멀리 나가지 않고 집 앞에서 시작하는 것이 좋다. 집 앞 100미터 정도를 목표로 하고 산책을 위한 보행 연습을 한다. 100미터를 쉽게 진행을 했다면 200미터 300미터 점점 늘려 가면 되는데 한 번에 멀리 나가지 않는 이유는 단 한 번의 실수로 다시 줄을 당기는 습관이 만들어 질 수 있기 때문이다.
> 클리커 페어 트레이닝은 절대 실수하지 않는 상황을 연출을 해서 반려견에게 실망감을 주지 않고 성공하는 감정을 만들어 주어 항상 즐겁게 가르치는 것을 목표로 하기 때문이다. 반려견들은 경험을 바탕으로 생활을 하기 때문에 항상 좋은 경험을 할 수 있도록 가르치는 것이다. 좋은 경험이 지식이 되어 살아가는 데 도움을 주기 때문이다.

소형견의 경우도 비슷하게 가르칠 수 있다. 손등이 아닌 안테나로 터치해 가르쳐 응용하는 방법인데 안테나로 유도해 반려견이 있어야 할 위치에 안테나를 두고 진행하면 된다.

방법은 대형견과 마찬가지로 조금씩 스텝 업을 하는 점진적인 방법으로 진행을 하면 쉽게 가르칠 수 있다. 소형견의 경우 행동 형성 이론에 적용해 쉽게 가르칠 수 있다. 소형견의 힘을 감당할 수 있다면 앞서 나가며 줄을 당기면 서고, 줄이 느슨해지면 클릭 = 보상을 제공하며 앞으로 나가는 보상을 같이 제공해 주면 여러 과정을 없애고 더욱 쉽게 가르칠 수 있다.

• 트레이닝 영상 QR •

▲ 안테나 타겟을 이용한 산책 보행 : 트레이닝 영상 33

하우스 가르치기

▲ 이동장에 들어간 개

반려견을 키우면서 힘든 부분 중 하나는 이동일 것이다. 병원 방문이나 여행 등 반려견과 같이 차를 타고 이동할 때가 있다. 사람과 반려견이 차 안과 같은 좁은 공간에서 아무일 없이 이동하게 된다면 다행이지만 가만히 있지 못하는 반려견의 경우엔 꼭 이동장에 넣어 이동하기를 권한다. 그러기 위해서는 이동장(캔넬)을 사용해야 하는데 갑자기 좁은 공간에 가두면 심하게 스트레스를 받아 이동장에 변을 본다든지 소변을 보는 행동을 하거나 짖는 행동을 하게 된다. 심할 때는 발톱에서 피가 나올 정도로 이동장을 긁는 행동도 할 수 있다.

우리는 반려견이 스스로 생각해서 이동장에 들어가 얌전하게 있기를 바라기 때문에 스트레스 없는 교육이 필요하다. 그러기 위해서는 앞에서 말한 '상태 만들기'가 중요한데 행동분석학에서는 죽은 동물이 할 수 없는 것이 행동이라고 한다.
그리고 클리커 소리는 행동을 지정해 주는 신호이기 때문에 행동만 가르칠 수 있는 함정이 있다. 예를 들어 앉아를 가르칠 때 앉는 순간 클리커를 울리게 되면 반려견은 앉았다가 일어나는 행동을 반복하게 된다. 모든 행동을 만들 때 동일하게 일어나는 반응 행동들이다.
하지만 딩고 클리커 페어 트레이닝에서는 '미루기' 스킬을 사용하여 '앉아' 있는 상태를 유지하게 만든다. 처음엔 '앉아' 있는 순간 포착하지만 점점 앉아 있는 시간을 늘려가며 클릭 타이밍을 미루어 앉아 있는 행동을 늘려 나가는 것이다. '엎드려'를 가르칠 때도, '하우스'를 가르칠 때도, 우리가 원하는 것은 모두 그 상태 그대로 있기를 바라기 때문에 같은 '미루기' 스킬을 사용하여 상태를 만들어가는 것이다.

일반 클리커 트레이닝에는 상태를 만드는 트레이닝이 존재하고 있지 않다. '미루기' 스킬은 딩고만의 스킬로 사용하는 것은 자유지만 출처는 꼭 밝히기를 바란다.

하우스를 가르칠 때는 여러 가지 방법이 있다.

그중 하나는 방석으로 자리로를 가르쳐 방석을 이동장 안에 넣어서 응용하는 방법이 있고, 직접 이동장 안에 들어가는 방법을 가르치는 방법이 있다. 마지막으로 상자를 활용하여 가르치는 방법이 있는데 일반 보호자들이 쉽게 가르칠 수 있는 상자를 활용하여 가르치는 방법부터 설명하겠다.

🐾 상자를 활용한 자리로 '하우스' 방법

❶ 구하기 쉬운 상자를 펼쳐 놓은 상태에서 시작한다.

❷ 새롭게 등장한 상자에 호기심을 가지기 시작하면 첫 번째 클릭을 울려 준다.

❸ 안테나 혹은 핸드 터치를 응용하여 반려견을 상자 쪽으로 유도한다.

❹ 상자 쪽으로 움직이는 것에 대해 2번째 클릭을 하고 보상을 제공한다.

❺ 상자에 앞발이 올라가는 순간을 포착하여 클릭하고 보상을 제공하는데 간식은 상자에서 떨어진 곳에 던져 준다. 상자에서 떨어진 곳에 던져 주는 이유는 다시 상자로 가는 것을 가르쳐 주기 위한 것이다.

❻ 앞 발 두발이 올라가는 순간을 포착하여 클릭 = 보상을 한다.

❼ 세 발이 올라가는 것을 포착하여 클릭 = 보상한다.

❽ 네 발이 올라가는 것을 포착하여 보상한다. 이후에 바로 8번으로 진행할 수 있으면 성공한 것인데 되도록이면 순차적으로 가르치는 것을 권한다.

▲ 상자를 활용한 자리로 : 트레이닝 영상 34

• 트레이닝 영상 QR •

자리로 트레이닝 방법

⑨ 여러 차례 반복하여 상자 위에 올라가는 행동이 만들어졌다는 판단이 들면 "자리로" 또는 "방석으로"라고 Q를 붙여 준다.

⑩ '자리로'라는 Q를 인식했다면 상자위에 "앉아"를 시켜 본다. 전 과정에서 앉아를 제대로 학습하였다면 쉽게 앉는 행동을 할 것이다. 앉아 학습이 안 되었다면 손으로 유도를 하여 다시 가르치면 된다.

⑪ '자리로'와 '앉아'가 학습되었다면 상자를 이동장 안에 넣어 놓고 가르친다면 아주 쉽게 두 가지를 가르친 것이다. 하지만 이동장 안에 들어가는 것을 두려 워하는 반려견이라면 상자를 더 활용하는 방법을 하기 바란다.

TIP

자리로의 활용 팁

낯선 장소에 갔을 때 묶어 두지 않으면 곤란할 상황에 적절할 교육이다. 반려견이 이리저리 혼란스럽게 다닌다면 낯선 사람에게 민폐를 줄 수 있기 때문에 '자리로'를 시켜 방석 위에 가만히 얌전히 있게 두면 좋다. 방석이 없다면 신문지 또는 노트를 활용하는 것도 방법이다. 또는 집에 손님이 찾아왔을 때 짖는다거나 올라타는 등 민폐 행동을 할 때도 적절하게 활용할 수 있다. 민폐가 될 수 있는 문제 행동을 할 때마다 자리로를 시켜 행동을 미연에 막거나 통제할 수 있다.

• 트레이닝 영상 QR •

▲ 자리로 활용 : 트레이닝 영상 35

⑫ 상자를 한쪽 면을 세우고 '자리로'를 시킨다.

⑬ 다음으로 상자 두 면을 세우고 자리로를 시킨다.

⑭ 세 면을 세우고 자리로를 시킨다.

⑮ 네 면을 세우고 자리로를 시킨다.

점차적으로 상자의 모습은 이동장의 모습으로 바뀌어가는 것을 알 수 있다. 확실하게 네 면을 세운 상태에서 상자 위로 올라가는 행동이 만들어졌다면 "하우스"라고 Q 사인을 붙여 주어 학습시킨다. 확실하게 알고 있다면 다음 단계를 진행하고 모른다고 판단이 되면 더 반복 연습을 하여 확실하게 학습시키도록 한다.

▲ 상자를 이용한 이동장 적응 : 트레이닝 영상 36

• 트레이닝 영상 QR •

🐾 하우스 트레이닝 방법

⑯ 이동장에 반려견이 들어가기 시작한다면 "하우스"라고 Q를 붙여 가면 사람이 말을 할 때 행동하는 것이 더 가치가 있다는 것을 가르치면 된다. 이동장 안에서 계속 있는 상태를 원하는 게 보호자의 목표일 것이다.

⑰ 앉아를 가르칠 때 사용한 것처럼 하우스를 가르칠 때도 클릭 타이밍을 점점 늦추어 가며 이동장 안에 있는 상태를 길게 가져가면서 "기다려"를 가르치면 된다.

⑱ 이동장의 문은 항상 열어 놓은 상태에서 진행하였다면 지금부터는 반려견이 들어가 있을 때 1초 정도 문을 닫았다가 열고 클릭 = 보상을 제공하여 이동장 안에 있는 두려움을 없애 가며 가르치기 시작하는 것이 좋다.

⑲ 점점 문을 닫아 놓는 시간을 늘려가고 보상은 이동장 안에 넣어 주는 것이 훨씬 효과적이다.

• 트레이닝 영상 QR •

▲ 하우스 활용 : 트레이닝 영상 37

이동장으로 활용 시 팁

낯확실하게 알고 있다면 실제 이동장으로 바꾸어도 반려견이 스스로 이동장으로 들어가는 것을 볼 수 있을 것이다. 이것은 행동주의 이론 중 자극의 일반화라고 해서 유사한 자극에 같은 반응을 하는 것으로써 상자의 네 면을 세워 놓은 것이 이동장의 형태와 유사하게 생겼기 때문에 일어나는 반응이다.

만약 반려견이 다소 주춤거리는 행동을 한다면 이동장의 크기가 작은지 아니면 제대로 학습이 안 되었는지 확인해 보기 바란다. 항상 반려견을 배려하여 실패의 경험보다 성공할 수밖에 없는 경험을 하게 하는 것이 학습 속도를 배가시키고 트레이닝이 즐거운 일이라는 것을 기억하게 된다는 것을 명심하기 바란다.

이리와 가르치기

이리와는 반려견을 키우는 데 있어서 꼭 필요한 교육 중 하나이다. 반려견을 교육시키는 이유 중 하나는 모든 사람들이 좋아하는 반려견을 만드는 것과 반려견의 생명을 위험으로부터 구하기 위해서이다.

도로를 가로지르는 행동을 한다거나, 또는 날아다니는 새와 다람쥐를 쫓아 무작정 절벽으로 달려가는 행동들은 모두 반려견의 생명에 위협이 될 수 있다. 이럴 때 이리와를 훈련시켜 두었다면 위험한 상황에서 반려견의 생명을 구할

• 트레이닝 영상 QR •

▲ 실내 이리와 활용 : 트레이닝 영상 38~39

수 있을 것이다.

앞에서 다룬 부분인데 이름은 항상 좋은 일이 있을 때 불러 주는 것이 원칙이다. 이름을 부르면 항상 좋은 일이 있고 중요하게 전달할 내용이 있다는 것을 반려견이 알게 미리 알려 주어야 한다. 그런 다음 안전이 확보된 장소에서 이리와를 가르치면 된다.

🐾 이리와 트레이닝 방법

❶ 처음 시작하는 장소는 사방이 막힌 곳에서 하면 잘 할 수 있다. 어디로 갈 수 없기 때문에 항상 보상을 받기 쉽고, 조용하게 진행하기 때문에 보호자의 의도를 쉽게 이해할 수 있다.

❷ 먼저 이름을 불러 보호자를 보게 한 다음 오른손 바닥을 반려견을 향해 내밀어 보인다. 반려견은 이름을 듣고 좋은 일이 일어난다는 것을 알기 때문에 손바닥 위에 먹을 것이 없어도 보호자를 향해 달려올 것이다. 타이밍은 달려오는 순간 클릭하는 것이 좋고, 도착하면 간식을 던져 주는 것으로 진행한다. 간식을 던져 주는 장소는 사람에게서 떨어진 곳이면 상관이 없다. 던져 주는 이유는 다시 이리와 교육을 진행하기 위함이다.

❸ 다시 한 번 이름을 부르고 같은 방법으로 여러 차례 진행한다.

❹ 행동이 만들어졌다면 반려견이 달려오는 행동에 "이리와"의 Q를 붙여 간다.

❺ 방 안에서 완벽하게 만들어졌다고 판단되면 집 밖으로 나가 진행을 하는데 장소 또한 혼란스럽지 않은 장소여야 한다. 이유는 실수를 막기 위함이다. 항상 좋은 경험을 할 수 있게 가르치는 것이 클리커 페어 트레이닝의 목표이기 때문이다. 실수를 경험하는 반려견은 트레이

닝 자체가 재미없고 힘든 것이라고 생각할 수 있기 때문이다.

❻ 집 앞의 장소가 적당하지 않다면 긴 줄을 묶고 해도 관계가 없다. 하지만 줄을 당겨서는 안되고 반려견 스스로가 다가올 때 클릭 = 보상을 제공하여야 기억하고 반복할 수 있다.

❼ 위와 같은 방법으로 점점 혼란스러운 어려운 장소로 옮겨가며 진행해야 한다. 하지만 꼭 성공할 수 있는 환경을 조성해 놓고 하기 바란다.

• 트레이닝 영상 QR •

▲ 이리와를 순차적으로 교육 : 트레이닝 영상 40~44

이리와 수정

만약 이리와의 Q로 불러도 오지 않는 반려견의 경우는 예외적으로 다른 Q를 만들어 사용하기 바란다. 이유는 "이리와"란 단어(Q)에 대한 신뢰가 깨진 상태일 수 있기 때문이다. "이리와"란 Q를 듣고 달려간 반려견을 가두었거나 혼난 경험이 있다면 이리와란 Q를 믿지 않게 되기 때문에 "컴(come)"이나 다른 Q로 바꾸어 사용하면 된다.

반려견에게 자신감으로 스스로 자발적인 행동 이후에 받은 보상에 대한 성취감으로 만들어진다. 즉, 뇌에서 기쁜 감정에 대한 호르몬이 만들어져야 가능하다.

Chapter 04

분리불안 증세 고치기

...

분리불안은 반려견이 보호자를 신뢰하지 않기 때문에 생기는 문제이다.

보호자가 어디론가 사라져 버릴 수 있다는 불안감이 반려견을 불안하게 만드는 것이다.

그리고 반려견 스스로가 자신감이 없기도 해서 불안감은 더 커진다.

분리불안이 있는 반려견들은 보호자가 보고 있지 않으면 더 불안해 한다는 걸 알고 시작해야 한다.

그리고 자신감을 키워 줄 수 있는 클리커 페어 트레이닝을 하게 되면 자신감이

생겨 분리불안 증세가 호전된다.

분리불안 증세 이해

분리불안이 있는 반려견들이 짖는다고 절대 혼내서는 안 된다. 혼내게 되면 더 불안해져서 불안증세가 더 심각해진다는 걸 알아야 한다. 개나 반려동물이 짖는 건 사람에게 무언가를 호소하는 것으로 해석해야 한다. 간혹 무시하라는 소리를 듣고 따라하는 경우가 생기는데 오랫동안 짖는 소리를 무시하면 짖는 것을 멈출 수 있지만 더 이상 사람과의 소통을 포기하게 된다.

분리불안을 고치기 위해 기다려와 이동장 교육을 할 때 분리불안이 있는 반려견들은 이동장에 들어있는 상황일 때 짖기 시작한다. 짖기 전의 상태 즉 끙끙거릴 때 꺼내 주는 것이 바람직하고, 이동장에 들어가 있는 것이 스스로에게 이롭고 짖는 행동을 할 땐 좋은 결과를 얻을 수 없다는 걸 미리 선행 교육한 후 진행해야만 한다.

분리불안 완화시키는 방법

보호자가 없어지면 불안해하는 반려견들은 보호자가 눈앞에 없어도 보고 있다고 알게 할 때까지 가르치면 증세가 사라진다. 여러 가지 방법 중 간단한 방법부터 소개하겠다.

앞에서 설명한 앉아를 가르친 후 진행하면 되는 방법은 다음과 같다.

🐾 분리불안 완화 트레이닝 방법

❶ 반려견의 앞에서 앉아를 시키고 돌아와 보상을 준다.

▲ 반려견의 앞에 선다.

❷ 반려견의 옆으로 가서 앉아를 시키고 돌아와 보상을 준다.

▲ 반려견의 옆에 선다.

❸ 반려견의 옆 뒤로 가서 앉아를 시키고 돌아와 보상을 준다.

▲ 반려견의 옆 뒤로 선다.

❹ 반려견의 뒤로 가서 앉아를 시키고 보상을 반려견의 앞에 준다. 뒤에 보호자가 서 있기 때문에 머리 너머 앞으로 제공한다.

▲ 반려견의 뒤로 선다.

❺ 보호자는 몸을 숨길만한 공간을 마련한 뒤, 몸을 조금 숨기면서 앉아를 시키고 돌아와 보상을 준다.

▲ 반려견에게 옷을 조금만 숨긴다.

6 몸을 반쯤 숨긴 뒤 앉아를 시키고 돌아와 보상을 준다.

▲ 몸을 반쯤 숨긴다.

7 몸을 완전히 숨기고 앉아를 시키고 돌아와 보상을 준다.

▲ 몸을 완전히 숨긴다.

❽ 몸을 숨기고 앉아를 시킨 뒤 보상을 제공하는 시간을 점점 늦추어 가며 제공한다.

▲ 시간 차를 두고 보상을 한다..

보호자가 보이지 않아도 보고 있다는 걸 알게 될 때까지 진행하면 분리불안 증세는 점점 호전이 될 것이다. 하루이틀 진행하고서 우리 개는 안 된다고 포기하지 말기를 바란다. 나이가 든 반려견일수록 오랜 시간을 투자해야 하며, 집착이 강할수록 근성을 가지고 끈질기게 해야 한다.

점점 반려견에게서 멀어질 때는 앞에 없어도 보고 있다는 걸 카메라를 설치해서 이름을 불러 준다든지, 앉아를 시킨다든지, 해서 소통하고 있다는 걸 알려 주면 안심감이 증폭되는 효과를 볼 수 있다. 특히 클리커 페어 트레이닝을 같이 해 가면서 진행해야 효과가 좋다.

위의 방법으로 노력해도 해결이 되지 않는 상황일 때 애견학교에 보내 볼 생각을 가진 분들은 다시 한 번 더 생각해 보기를 권한다. 왜냐하면 애견학교에 있는 트레이너와 보호자의 존재는 다르기 때문이다. 보호자에게 있는 분리불안 증세를 애견학교 트레이너가 100% 대리 보호자가 될 수 없기 때문이다. 애견

학교에서는 고쳐질 수 있지만 다시 집으로 돌아오면 그 전 상황으로 돌아가기 쉽기 때문이다. 중요한 것은 보호자가 대처할 수 있어야 한다는 것이다.

그동안 훈련소에 보냈다가 돌아오면 진전이 없는 상황을 볼 때 아무리 잘 가르쳐 놓아도 보호자가 대처 방법을 알지 못하면 예전 행동으로 돌아가 버리는 걸 보았기 때문이다. 보호자 분들도 가족 같은 반려견을 남에게 맡기기보다 스스로 해결해나갈 방법을 찾아야 한다.

PART 04

문제 행동에 대한 올바른 이해

연일 개로 인한 사로가 매스컴을 뜨겁게 달군 적이 있었다. 개가 인근 주민을 물어 생긴 사상사고가 매스컴에 보도 되기도 하고, 방송 프로그램에서 일명 '문제 행동'을 일으킨 개들을 교정하는 방법을 알려 주기도 한다. 그런데 이 문제 행동이 과연 누구의 관점일까. 개에게서는 당연한 일을 사람에게 피해를 주기 때문에 문제로 치부한 것은 아닐까. 문제 행동을 단순히 교정하려고 하지 말고 이해시켜야 한다. 반려견에 대해 올바로 이해하고, 이에 맞는 인도적인 수정 방법을 알려 준다.

Chapter 01

반려동물의 문제 행동 알아보기

• • •

반려동물의 사람의 일상생활을 불편하게 만드는 행동들에 대해 쉽게 '문제 행동'이라고 말한다.
하지만 사람의 기준에서 봤을 때 문제일 뿐이다. 개나 고양이 혹은 기타 동물은
자신의 본성에 따른 행동이지만 사람과의 공생에서 문제가 된다면,
이 '문제 행동'에 대해 올바로 인식하고, 해결해가는 방법을 찾아가야 한다.

반려동물의 문제 행동

반려동물의 문제 행동이란 과연 무엇일까?

인간 사회에서 사람의 기준에서 불편하다고 생각되는 행동들을 문제 행동이라
고 표현한다. 흔히 벌어지는 반려동물의 문제 행동에는 크게 '짖기', '물기', '목
줄이나 물건 당기기', '배변 실수', '사람에게 덤벼들기', '물건을 파괴하기', '개
들끼리 싸우기' 등이 있다. 그렇다면 이와 같은 사람을 불편하게 하는 문제 행
동들의 원인은 무엇일까? 그리고 이와 같은 문제들을 해결하기 위해서는 어떻
게 해야 할까?

▲ 사람을 보고 지나치게 짖는 행동

▲ 사람을 물려고 하는 행동

▲ 산책 시 목줄을 당기는 행동

▲ 배변을 못 가리고 아무데나 볼일을 보는 행동

▲ 사람에게 덤벼드는 행동

▲ 물건을 파괴하는 행동

▲ 같은 개 혹은 다른 동물들이랑 싸우는 행동

문제 행동의 원인1 : 건강 문제

문제 행동의 원인 중 가장 먼저 생각해 봐야 할 것은 건강상의 문제이다. 그동안 문제 행동이 있는 아이들을 가르친 경험을 돌아보면 반려인의 오해로 인해 학교로 들어온 아이들이 많기 때문이다. 건강상의 문제로 무는 행동이 생긴 것인데 그것을 모르고 오해해 무조건 문제 행동으로 치부한 것이다.

▲ 건강에 이상이 있는 개

개가 평소에 하지 않던 이상 행동을 할 때는 첫 번째로 몸에 이상이 있는지 살펴보아야 한다. 야생의 사자들은 사냥할 때 약한 동물을 가장 먼저 사냥을 한다. 반려견들도 아픈 곳이 있으면 본능적으로 숨기려 하는 경향이 있다. 아픈 곳이 있다는 것은 약해진 상태라 공격 당하기 쉽다는 것을 본능적으로 알기 때문에 아픈 곳을 만지려고 하면 방어하기 위해 사나운 행동을 한다. 감정이 있어서 무는 행동을 하는 게 아니라 만지면 아파서 반사적으로 무는 행동이 나오는 것이다.

항상 문제 행동을 진단할 때는 건강상에 문제가 없는지 판단 후에 원인에 따라 분류를 한 후 원인을 해결해 나가는 방법을 찾기 바란다. 즉, 치료가 가장 최우선적 해결 방법이다.

다른 예로 사람하고 신뢰가 없던 아픈 유기견을 구조해 치료한 후 사람과 신뢰를 만드는 경우도 있다. 오랜 시간 동안 아팠던 곳을 스스로 해결할 수 없다는 걸 본능적으로 알고 난 후에 사람의 손길이 치료를 도왔다고 자각해야만 가능한 일이다. 하지만 간혹 사람에 대한 불신이 쌓인 유기견은 곧 죽을 상황에서도 안타깝게도 도움의 손길을 거절하는 일도 있다. 아픈 것과 사람의 손길이 연관이 있다고 생각하기 때문이다.

문제 행동의 원인2 : 본능에 기인한 행동

위의 예와는 달리 개 특유의 본능에서 기인한 행동들이다. 개의 본능이라는 면에서 보면 큰 문제는 아니지만 사람과 함께 사는 데 문제가 되는 행동들이다. 본능에 기인한 행동은 사고를 거치고 하는 행동이 아니라 반사적으로 나오는 행동이다. 본능에 의한 행동인지 생각해서 하는 행동인지를 알아야 그 문제를 해결하기 쉬워진다. 본능은 이성보다 빠르다.

🐾 번식 본능에 기인한 행동 : 과도한 마킹이나 마운팅

수컷 개에게서 많이 나타나는 본능으로 실외뿐 아니라 실내에서 과도하게 마킹을 하는 것이다. 실외라면 상관없지만 실내라면 집안 곳곳에 원치 않는 개의 체취를 묻힐 수 있다. 또 수컷의 경우 번식 본능에 따라 마운팅을 하는데, 행동이 과도해 사람이나 다른 개에게 피해를 줄 수 있다.

▲ 아무곳에나 마킹하는 수컷 개

🐾 포식 본능에 기인한 행동

다음은 포식 본능에 기인한 문제 행동들이다. 포식 본능이란 다른 동물을 잡아 먹거나 사냥하려는 본능으로 개는 물론 야생동물들에게서도 나타나는 본능이다. 물론 포식 본능이 모든 개에게서 다 드러나는 것은 아니다. 이 본능은 주로 다른 작은 동물을 쫓는다 / 물건을 부순다 / 아무거나 주워 먹거나 훔쳐 먹는다 와 같은 방식으로 드러난다.

🐾 위험 회피 본능에 기인한 행동

위험을 느꼈을 때 벗어나고자 하는 행동은 모든 동물들에게서 나타나는 행동이다. 개 역시 위협을 당하거나 위험하다고 느끼면 다음과 같은 행동을 나타낸다. 도망간다 / 공격한다 / 무언가를 지킨다 / 분리불안과 같은 행동을 보인다.

소통의 단절에 의한 문제 행동

개와 사람의 의사소통이 원활하게 진행되지 않았을 때 생기는 문제이다.
첫 번째로는 개가 전하려고 하는 바가 전해지지 않았을 때 생기며, 이것은 개의 메시지를 이해하지 못하는 사람의 문제이다.
두 번째로는 개가 전하려는 바가 주인에게 전해졌음에도 무시당했을 때는 생기는 것으로 개의 메시지를 들으려 하지 않는 사람의 문제이다.

▲ 무시하는 보호자

세 번째로는 요구한 바를 주인이 들어 주지 않고, 오히려 혼났을 때로, 개는 궁지에 몰렸다고 느낀다.

▲ 잘못된 체벌의 예

문제 행동에 대한 올바른 이해

개가 문제 행동을 할 때는 무시하라는 책이나 매스컴의 내용을 많이 접할 수 있는데, 무시하는 훈련법은 개로 하여금 포기하는 법을 가르치는 것이기 때문에 바람직하지 않은 교육법이다.

캔넬에 넣은 개가 나오고 싶어서 짖는 경우, 짖을 때 꺼내 주면 짖는 걸 가르치게 되므로 꺼내 주지 말라는 내용도 있다. 필자도 짖는 개가 멈출 때까지 꺼내지 말고 무시해라~! 라는 데로 해 보았더니 짖는 건 멈추게 되었는데 효율이 좋지 않았다. 멈추긴 했지만 개가 짖지 않는 이유는 보호자가 곤란해 해서 멈춘 게 아니라, 짖다가 지쳐서 멈추긴 하는데 보호자와 더 이상의 커뮤니케이션(소통)을 포기한 상태로 아무런 요구를 하지 않는 개로 바뀌어 버리는 결과를 낳았다. 이런 개는 눈만 봐도 외로워 보이는 눈을 하고 있다. 사람과의 의사소통을 포기하는 것을 가르치는 훈련법이기 때문이다.

'이 사람하고 어떻게 해도 의사소통이 되지 않는 구나~!'라고 생각하는 개가 된다. 일반적으로 개의 의사를 일방적으로 무시해서 해결해 나가는 것이 아니라, 개와 의사소통을 해서 문제를 해결해 나가야 한다.

그리고 무시하는 방법 대신 무조건 혼내는 사람들도 있다.
주워 먹는 행동을 한다거나, 장난을 치다가 물건을 망가뜨릴 때 혼나는 개들은 혼나는 이유를 납득할 수 있을까? 또 만약에 개가 목이 말라서, 배가 고파서 짖고 있었는데 혼났다면, 이개는 자기 욕심을 채우기 위해 짖고 있었을까?
이럴 때의 개들은 욕심을 채우기보다 절실해서 짖는 것이다. 개들이 절실한 마음으로 무언가를 요구하는데 받아들여 주지 않으면 개의 입장에서는 매우 외

▲ 우울한 개

▲ 보호자의 관심(사랑)에 따라 바뀌어 가는 반려견의 얼굴

로워지고 고독해진다.

문제 행동의 원인은 대부분 소통의 장벽에서 오는 것을 알고 대해야 한다.

Chapter 02

문제 행동에 대한 올바른 대처

· · ·

유아교육 전문가들은 아이의 잘못된 행동은
결국은 부모의 잘못에서 비롯된 것이라고 일침한다.
반려동물의 문제 행동 역시 이와 다르지 않다.
하지만 문제 행동에 해 바르게 이해하고, 인내를 갖고 대처하면 바로잡을 수 있다.

문제 행동에 대한 마음가짐

앞에서 살펴보았듯 문제 행동의 원인이 무엇인지에 따라 대처 방법이 달라진다.
문제 행동에 대처할 때는 의사가 된 마음으로 대해야 한다. 그리고 과학적인
처방법에 대해 생각해야 한다. 지금 당장 민폐가 되는 행동이나 개의 생명에
위협이 되는 행동 등은 대처 요법으로 멈추게 할 수는 있다. 하지만 근본 치료
를 하기 위해서는 보호자가 많은 공부를 해야 한다.
만약 감기에 걸린 사람에게 해열제를 처방을 해 주었다면 몸은 나아진 것 같지
만 몸속에 병은 남아 있는 상태로 언제든 재발의 가능성이 있다. 해열제는 대
처 요법으로 열을 억지로 내렸지만 병과 싸워서 이기는 근본적인 치료는 하지

못한 상황이다.(참고로 감기는 치료는 할 수 없고 대처 요법밖에 없다는 걸 알기 바란다) 열이 난다는 것은 병과 싸우고 있는 중인데 억지로 열을 내린다는 것은 언제 다시 전쟁이 재개될지 알 수 없는 휴전 상태와 같다. 즉 언제든 재발이 가능하다는 이야기다.

그렇다면 반려동물에게는 대처 요법을 언제 사용해야 하는가? 이웃이 고충을 호소하고 있을 경우, 반려견의 생명에 위협 받는 경우, 이때는 대처 요법으로 해결해야 한다.

이렇듯 문제가 되는 행동을 못하게 하는 것은 대처 요법이 될 수 있지만 다시 재발할 수 있기 때문에 근본 치료를 해야 한다. 문제 행동은 병원에 맡기면 치료가 될 수 있는 상황이 아니라 보호자가 계속 공부하며 지식을 쌓고 노력해 나가야 되기 때문에 어려운 문제라는 걸 알기 바란다.

예를 들어 고양이는 스크래치를 하는 동물인데 못하게 하면 아무 곳에나 스크래치를 해 방안의 벽지를 다 뜯어놓을 수 있다. 이러한 동물의 본능에 기인한 행동은 매우 중요한 행동이므로 어느 정도 인간이 타협해야 한다. 본능에 기인한 행동을 못하게 한다면 고급 가구에 발톱 자국을 내는 등 다른 문제점이 발생한다.

TIP

대처 요법과 근본 치료 절차

1. **현재 가지고 있는 문제를 대처 요법으로 해결한다.**
   당장 시급하게 대처할 필요가 있는 문제(이웃에게 민폐를 주는 행동, 개의 생명에 위협이 되는 행동, 또는 사람에게 위협이 되는 행동)일 경우 해당한다.
2. **근본 치료로 원인을 제거하여 문제가 일어나지 않도록 한다.**
   문제 행동만 막는 것이 아닌 근본적인 원인을 알고 그것을 제거해야 하므로, 시간을 갖고 주인이 절실하게 공부를 해야 할 필요성이 있다.
3. **특히 본능에 근간을 둔 행동에 대해서는 타협점을 찾는 사고방식을 갖는다.**

▲ 스크래치하는 고양이

하지만 고양이에게 문제가 되지 않도록 따로 스크래처나 캣타워를 마련해서 스크래치를 할 수 있게 해 주면 한 곳에서 스크래치를 하는 고양이가 되는 것이다. 문제가 되는 행동이지만 어느 정도 관리에 의해 조절해 주는 것이 중요하다.

중요한 것은 문제 행동의 원인이 무엇인지 이해를 하고 본능에 의한 행동은 어느 정도 보호자가 이해를 해 주어야 한다.
갯과의 동물 중 개처럼 짖는 동물은 개뿐이다. 왜 짖는 것일까? 어느 학설에서는 개가 사람의 목소리를 흉내 내 짖는 것이라고 한다. 사람의 주파수와 닮았다는 이유에서다. 단어는 흉내 낼 수 없지만 개의 입장에서는 자기들이 자주 듣는 소리를 음정과 주파수로 따라 하고 있는 거라고 할 수 있다. 그러면 개들은 왜 사람이 잘 들을 수 있는 소리로 짖는 것일까?

레이먼드 코핑거 박사 부부의 저서에서는 '개들은 인간과 공존하기 위해 인간 세계에 스스로 들어온 동물이다'라고 말한다. 약 3만 년에서 1만 5천 년 전으로 거슬러 올라간 원시 시대의 사람의 조상들은 사냥을 하며 동굴에 거주를 하였는데 이때 인간에게 가장 두려운 적은 잠을 잘 때 야생동물의 습격이었다고 한다. 이때 주변에 살던 개들이 짖음으로써 습격하는 야생동물을 미리 알 수 있었고, 그 후론 개들을 주변에 두고 살기 시작했다고 한다. 그 뒤로 개들은 사람이 잘 들을 수 있는 소리로 짖기 시작하였고, 아직도 유전되어 내려오고 있다는 것이다. 앞에서 언급한 '인간이 존재하는 이유는 개의 덕분이다'라고 한 말과도 상통한다고 볼 수 있다. 그런데 지금은 잘 짖는다는 이유로 '사람에게 민폐'라고 판단하고 있다. 그런데 지금의 개들에게는 짖으면 인간에게 도움이 된다는 인식이 아직 남아 있을지도 모른다. 이러한 오해의 상황에서 반려견과의 갈등이 생기는 것이다.

즉 본능에 기인한 행동은 동물에게는 많이 중요한 행동이다. 그런 행동을 물리적으로 억제를 하려고 하면 어디에선가 그 욕구가 폭발을 하게 된다. 일반적으로는 어느 정도 관리를 해 주면서 그 행동을 할 수 있게 조절해 주는 편이 중요하다. 다시 한 번 강조하지만 문제 행동의 원인이 어디에 있는지 이해를 하고 본능에 의한 행동일 경우에는 보호자가 어느 정도 이해를 해 주어야 한다.

요구에 의한 문제 행동

요구가 있는 문제 행동에 대한 대처
1. **요구하며 짖을 때는 앉을 것을 요구하자!**
   요구 메시지를 곤란하지 않은 행동으로 가르친다.
2. **요구를 무시해서는 안 된다.**
   요구를 무시할 경우 소통이 단절되거나 더 크게 짖게 될 수 있다.
3. **요구를 들어 주면 크게 요구하지 않게 된다.**
   이때는 "OK"를 가르친다.
4. **바람직하지 않은 요구는 '부의 약화'를 사용한다.**
   바람직하지 않은 요구는 오히려 손해를 보는 상황을 만들어 준다.

▲ 요구를 표현하며 짖는 개

사실 반려견을 키우고 있는 보호자들은 반려견의 요구를 철저하게 무시하기가 힘들다. 그리고 애매하게 무시하게 되면 오히려 행동이 더 크게 나타나게 된다. 처음에 작은 목소리로 짖고 있을 때는 조금만 참고 있으면 되겠지 라고 생각하다가 더 큰 소리로 짖게 되자 참을 수 없었던 보호자가 반려견의 요구를 들어 주게 되면 다음부터는 계속 크게 짖는 행동을 하게 된다.

그래서 간단한 요구는 앉아를 가르쳐 기다리게 한 후 요구를 들어 주는 방법으로 바꾸면 된다. 배가 고파서 짖는다거나 물을 달라고 짖는 개는 앉아를 가르친 후 "OK"라는 신호를 붙여 요구를 제공해 준다. OK는 허락의 신호다. 반려견들은 요구를 들어 주면 크게 요구하지 않는다.

바람직하지 않은 것을 요구하면, 오히려 반려견이 손해 보는 상황을 만들어 문제 행동을 없앤다. 부의 약화로 학습 이론의 하나로 보상(좋아하는 것)을 빼앗는다.

어린 반려견의 경우 사람에게 관심을 받기 위해 달려드는 경우가 많은데 이때 밀쳐 내며 혼을 냈는데도 불구하고 더 달려드는 경우가 있다. 그것은 밀쳐 내며 혼낸 상황이 반려견의 입장에선 보호자의 관심이 요구였기 때문에 관심으로 받아들여 더 달려드는 것이다.

이 행동을 혼내서 못 하게 하려면 엄청나게 크게 혼을 내야지만 멈추게 할 수 있다.

혼내는 것을 학습 이론에서는 '정의 약화'라고 표현하는데 말 그대로 혐오스러운 자극을 제공하는 것을 가리킨다. 큰 소리로 야단치기, 때리기(체벌), 기분 나쁜 상황이나 물건 등을 말한다.(싫어하는 것의 등장) 반려견이 문제 행동을 한 번에 못하게 하려면 엄청나게 큰 강력한 혐오자극을 주어야 단 한 번에 멈추게 할 수 있다. 그래서 혐오자극을 사용하는데도 철칙이 있다.

혐오자극을 사용할 때는 약하게 시작해서 점점 커지게 되면 개에게 맷집을 키워 주는 교육을 하게 되므로 단 한 번에 다시는 할 수 없을 정도의 혐오자극을 주어야 한다.

사실 이렇게 교육을 하게 되면 보호자와의 신뢰관계에 금이 가기 시작해 보호자를 신뢰하지 않거나, 마지못해 하는 행동이나, 신체적 정신적 리스크가 있는 반려견으로 커가게 되므로 사용하면 안 되는 방법이다.

▲ 체벌 받는 반려견

그나마 바람직한 방법으로 부의 약화를 사용하는데 반려견이 달려드는 행동을 할 때 등을 보인다거나, 반려견에게서 멀어지는 행동으로 문제 행동을 줄여 나갈 수 있고, 얌전하게 있을 때는 클릭과 보상으로 바람직한 행동을 강화해 나갈 수 있다. 이렇듯 요구가 있는 문제 행동의 경우는 쉽게 대처할 수 있다.

잘못된 학습에 의한 문제 행동

사람의 반응으로 반려견이 잘못된 행동을 학습하는 걸 말하며, 어떻게 대처해야 하는지에 대해 알아보자.

🐾 덤벼드는 반려견을 상대해 주면 계속 덤벼들게 된다.

사람이 좋다고 또는 반가워서 뛰어오르는 반려견들이 있다. 좋은 건 알겠지만 어린아이에게 달려들 경우나 나이 드신 노인에겐 위험한 일이 될 수도 있다. 간혹 마당에 사는 반려견들은 흙 묻은 발로 찾아온 손님의 옷을 더럽힐 수도 있다. 주변에 민폐를 주는 행동이므로 바로잡아 주어야 한다. 뛰어오르는 행동을 할 때는 상대해 주지 말고 등을 돌리는 행동만으로도 쉽게 행동을 멈추게 할 수 있다. 그리고 앉아를 가르쳐 사람이 나타나면 앉아 있을 때 칭찬이나 관심을 받을 수 있다는 것을 학습시켜 가면 된다. 보호자는 항상 앉아 있을 때만 칭찬과 관심을 제공해야만 바람직하게 행동하는 반려견이 될 것이다.

🐾 짖는 개를 노려보고 야단치면 깊은 관심으로 받아들여 계속 짖게 된다.

실제로 다른 반려견이나 사람에게 짖으며 덤벼드는 반려견은 학습이 된 경우가 많다. 특히 작은 반려견이 자기보다 큰 반려견이나 사람에게 죽일 기세로 달려드는 경우 싸우기 위해서도 아니고 싸워서 이길 수도 없다. 그런데도 상대 개에게 달려드는 이유는 리드줄이 보호자와 연결되어 있기 때문이다.

행동학적으로 반려견이 덤벼드는 이유도 두 가지를 들 수 있는데 하나는 상대를 포식하기 위해(사냥), 또 하나는 공격하지 않으면 자기가 위험한 상황에 처할 것 같은 공포 때문이다.

그런데 소란스럽게 짖으며 다가가면 사냥감을 놓치기 십상이다. 또 공격하기 위해 다가가는 반려견들은 자기의 약한 부분을 감추는 행동을 하거나, 쉽게 공격을 당할 수 있어 크게 짖지 않고 조용히 다가간다. 하지만 소란스럽게 불리한 상황인데도 짖는 이유는 보호자가 옆에 있기 때문이다. 이렇게 큰 소리로 짖으면 보호자가 줄을 당겨 멀어지게 하거나, 안고 그 자리를 벗어나기 때문이다. 즉, 학습된 결과에서 나타나는 행동이다.

▲ 인상 쓰며 혼내는 모습

이러한 상황에서는 반려견의 안전이 확보된 상황에서 짖을 때마다 반려견에게서 멀어지고 얌전하면 가까워지고를 반복하면 짖는 걸 줄일 수 있다.(부의 약화)
문제 행동에는 의외의 보상이 주어지고 있다는 것을 알고 있어야 한다.(원〉행〈결)

🐾 일관성 없는 태도는 나쁜 습관으로 이어진다.

간혹 보호자의 실수로 반려견이 다쳤을 경우 미안한 마음에 문제 행동을 너그러이 이해해 주거나 들어 주게 되는데 미안한 표현은 마음속으로만 하고 룰은 지켜 줘야 나쁜 버릇을 학습하지 않게 된다.
또 반려견을 교육할 때 일관성 없이 예외 상황을 만들면 안 된다. 문제 행동에 대해 교육을 하다가 오늘은 기분이 좋아서 혹은 오늘은 피곤해서 라는 이유 등으로 예외 상황을 만들고 교육을 거르게 되면 오히려 나쁜 습관을 만들게 된다. 사람의 입장에서는 어쩌다 한번이라는 예외라고 생각하겠지만, 개의 입장에서는 예외라고 생각하지 않는다. 한 번 얻은 권리는 절대 포기하지 않고 지키려고 하기 때문이다. "그래~오늘만 봐 줄게" 하는 일관성 없는 태도는 버릇없는 개로 만들어 버린다.

🐾 문제 행동에 대해 혼났을 때 혼난 것이라고 이해하지 못한 경우

길에 떨어진 음식을 주워 먹으려 할 때 야단쳤을 경우 개의 입장에서는 천천히 먹으면 안 되는구나! 라고 이해하고 빨리 먹으려고 삼키는 행동을 하게 된다. 사람의 시점에서 보는 것과 개의 시점에서 보는 관점이 다르기 때문이다. 개들은 밥그릇의 음식과 길에 떨어진 음식의 차이가 없다고 보기 때문이다. 개들은 먹지 않으면 살아갈 수 없다는 생각으로 살아가고 있기 때문이기도 하다. 특히 먹을 때 사람이 옆에 있으면 천천히 먹으면 안 되고 빨리 먹어야 된다고 학습하게 된다. 되도록이면 반려견이 무언가를 먹고 있을때는 편하게 먹을 수 있도록 사람이 옆에 있지 않는 것이 좋다.

문제 행동의 이해 : 화장실을 못 가리는 경우

반려견의 경우 배변 시 혼난 경험이 있으면 장소가 잘못된 것이라고 이해하는 것이 아니라 배변 행동이 잘못된 것이라고 인식한다. 그래서 사람이 없을 때 배변 활동을 하거나 변을 먹어 치우거나 숨어서 일을 보는 행동을 하게 되는 경우가 생긴다.

▲ 현대의 야생의 개(출처 : 『Dogs』, 레이먼드 코핑거 외[8])

배변 교육은 반려견의 평생 동안 단 한 번의 경험으로 학습하게 되는데 태어나서 한 달 사이에 배운 경험이 평생을 이어가며 생후 두 달 이전에 완전하게 학습한다.

하지만 여의치 않게 여기저기 옮겨 다니면서 배운 배변 학습은 오히려 머리가 좋은 반려견들에게는 매우 혼란스러운 일이라 과거의 학습이 방해가 되는 경우가 많다.

강아지의 경우 발바닥 패드로 촉감을 느끼고 학습하게 되는데(성견은 냄새도 학습한다) 수건과 배변 패드를 잘 구분하지는 못한다. 그리고 카펫의 차이도 구별하지 못하는 경우도 있다. 이러한 점을 명심하고 개의 과거 생활과 입양 경로를 알고 미리 학습한 배변 습관을 존중해서 가르치는 것이 효과적이다.

Chapter 03

반려동물의 체벌에 대하여

아이가 잘못을 하면 체벌을 하듯, 반려동물의 문제 행동에 대해서도
초크 체인 등의 체벌이 유행한 적이 있다. 비인도적이며, 교육 효과가 미비하기 때문에
아동에 대한 체벌이 점점 줄어드는 것과 마찬가지로, 반려동물에 대한 체벌 역시 줄어들고 있다.
그렇다면 교육적 효과를 내기위해서는 어떻게 해야 할까.

근래에 와서 벌을 사용하지 못하게 하는 풍조가 만들어졌다. '벌은 정말 비인
도적인 것인가? 그렇다면 벌이 필요할 때는 어떻게 할 것인가?'에 대해 생각
해 보자.

강화의 의미

강화법에는 4가지의 강화법이 있다. 동물행동학자들이 이야기하는 강화법을
우리말로는 다음과 같이 표기할 수 있다.

하지만 체벌이라는 말이 우리의 인식에 직접적, 신체적 벌을 제공하는 것처럼 다가오기 때문에 오해와 이해의 어려움을 가져오고, 긍정 강화법의 의미에 맞지 않아 딩고에서는 다음과 같이 표기한다.

정의 강화 / 정의 약화 / 부의 강화 / 부의 약화

의미는 같지만 부드러운 느낌으로 접근할 수 있다. 그리고 의미를 알고 사용한다면 딱히 외울 필요는 없다고 생각한다.

행동 분석학에서 말하는 '정의'는 '더하다'라는 의미이다. '부의'의미는 '빼다'라는 의미로 알면 이해하기 쉽다.
'**정의 강화**'는 '보상을 더한다'라는 의미이고, '**정의 약화**'는 '벌을 더한다'라고 이해하면 된다.
'**부의 강화**'와 '**부의 약화**'는 벌과 보상을 뺀다는 의미로 부의 강화는 벌을 뺀다, 부의 약화는 보상을 뺀다 라는 의미로 이해하면 된다.

즉, 행동을 가르치고 싶을 때는 강화를 사용하는데 행동 후에 좋은 것이 나타나는 것을 정의 강화라고 한다. 행동 후에 싫은 것이 사라지는 것을 부의 강화라고 한다. 이 두 가지는 새로운 행동을 가르칠 때 유효한 이론이다. 하지만 그만두었으면 하는 행동을 직접적으로 멈추도록 하는 일은 불가능한 이론이다.

약화란 무엇인가

행동을 멈추게 하고 싶을 때의 키워드는 약화이다.

처벌에는 정의 약화와 부의 약화 두 가지가 있는데 행동 후에 싫어하는 것이 나타나는 것을 '정의 약화'라'하고, 행동 후에 좋아하는 것이 사라지는 것을 '부의 약화'라고 한다. 이 두 가지 이론은 행동을 멈추게 하는 데 유효한 이론이다.

하지만 사회 풍조가 벌을 사용하지 못하고 칭찬만 하게 만들고 있다. 과연 민폐를 주는 행동을 칭찬만으로 고칠 수 있을까? 최신 연구에 따른 교육법에서는 '칭찬만 받고 자란 아이들이 성장하여 사회생활을 할 때 사회생활에 부적응적이고, 직장의 압박이나 스트레스에 대해 노이로제 증세를 보인 반면 간혹 체벌을 받고 자란 아이들의 적응력이 훨씬 뛰어났다'라는 미국의 연구 결과가 있다. 칭찬만 해 주기만 하는 교육법에 대한 반성의 소리가 나오기 시작한 것이다. 그렇다고 체벌을 하라는 얘기가 아니라 벌에 대한 과학적 의미를 알고 학습 이론에 의한 벌을 알아야 한다는 의미이다.

'벌'을 사용할 때 표면적으로 나타나는 체벌을 사용하라는 것이 아니라 심도있게 생각하고 해야 한다는 것이다. 예를 들어 초인종 소리가 난 후 반려견이 짖었을 때 때리는 것으로 금방 멈추게는 할 수 있지만 매번 때려야 하는 번거로움이 있고, 반려견이 눈치를 보는 행동을 하게 되며, 보호자와의 신뢰가 무너지게 되는 리스크를 가진다.

반면 반려견이 짖을 때마다 보호자가 강아지 앞에서 사라지는 부의 약화 사용하면 정신적, 신체적 리스크 없이 짖는 문제 행동을 멈추게 할 수 있다. 하지만 반려견에게 있어 보호자가 반려견의 전부인 존재일 때는 상황이 다르다. 반려견의 입장에서는 보호자가 사라지는 것보다 차라리 한 대 맞는 것을 원할 수 있다. 보호자가 사라지는 게 더 정신적 리스크가 클 수 있다는 말이다. '소중한 것을 빼앗기는 것보다 맞는 게 낫다' 라는 의미로 이런 상황에서는 부의 약화가 정말 인도적인 것인지 균형있게 사용하길 바란다. 하지만 체벌은 반려견의 생명이나 사람에게 큰 위험을 줄 상황이 아니면 사용하지 않기를 바란다. 주로 정의 강화나 부의 약화를 사용하여 가르칠 것을 권장한다.

▲ 간식을 보여 주고 하는 사진

올바른 칭찬과 체벌

보상 또는 간식을 주는 트레이닝도 긍정적 강화법이라고 얘기하지만 어느 타이밍에 주느냐가 노예로 만들어가는 것인지, 생각하는 선택권을 주는 교육인지 구별하는 기준이 된다.

트레이닝에 들어가기 전에 미리 반려견에게 간식을 보여 주기 시작하면 노예로 만들어가는 것이다. 또는 간식을 눈앞에 놓고 하는 트레이닝도 마찬가지이다. 행동형성 이론에서 클릭 = 보상은 결과에 해당하므로 행동 후에 보상을 제공하는 것은 당연한 일이나 미리 보여 주고 시작하는 행동은 반려견을 간식의 노예로 만드는 행동에 불과하다.

종업원에게 10만 원을 주면서 심부름을 시키는 것과 같은 행동이다. 친구 사이에서는 조건을 걸기보다 수고한 대가로 캔커피로도 만족할 수 있으니 말이다.

딩고의 클리커 페어 트레이닝은 벌을 사용하지 않고 문제 행동을 없애는 길을 찾고 있다. 반려견을 생각하게 하고 선택권을 주는 교육을 한다면 스스로 알아서 하는 반려견이 될 것이다.

칭찬은 고래도 춤추게 한다는 말이 있다. 항상 칭찬만 하면 어떤 일이 벌어질까? 항상 칭찬만 하면 칭찬해 주지 않는 것은 벌이 된다. 칭찬 받을 일을 했는데 칭찬을 하지 않으면 혼란스러워 하고 깊은 커뮤니케이션을 할 수 없게 된다. 그리고 문제 행동을 그만둘 동기가 희박해진다. 칭찬만이 능사가 아니라는 이야기다. 깊이 생각해 보아야 할 부분이다.

체벌을 사용하지 않고 곤란한 행동을 그만두게 하는 테크닉

'바람직하지 않은 행동은 같이 할 수 없는 행동을 가르친다'가 핵심이다.

> 짖는다 → 물건을 물게 가르친다.
> 달려든다 → 엎드려를 가르친다.
> 리드줄을 당긴다 → 걸을 때 옆에 걷게 가르친다.

하지 못하게 하는 것보다 무언가를 하게 하는 편이 낫다.

하지만 양립할 수 없는 행동을 가르친다고 해서 문제 행동을 없애는 행동을 가르치는 것은 아니다. 확실하게 가르치려면 새로운 행동에 대한 보상이 기존의 행동보다 더 매력적인 보상으로 제공되어야 한다는 것이다.

예를 들자면 짖음은 스스로 보상을 받는 행동 중 하나인데 짖음으로서 호르몬이 작동해 기분이 좋아질 수 있다. 대처 방법으로 물건을 무는 행동을 가르쳤는데 제공하는 보상이 짖어서 나오는 호르몬보다 보상의 가치가 매력이 없다면 짖는 행동은 없어질 수 없다는 뜻이다. 그러므로 정말 매력적인 보상을 찾아야 한다.

문제 행동은 행동 후에 항상 보상이 제공되고 있기 때문에 계속 유지되고 있다고 생각해야 한다.

'보,관,칭 기반' = '준우의 법칙'이라고 기억하자. 보상 받고, 관심 받고, 칭찬받은 일은 기억하고 반복한다. 그렇기 때문에 문제 행동 뒤에 따르는 보상보다 더 큰 보상을 가치고 새로운 행동을 학습시켜야만 문제 행동이 줄어든다는 것을 명심해야 한다.

Chapter 04

문제 행동 수정 사례

• • •

앞의 내용들을 통해 우리는 '개'라는 동물의 특성과 그들의 본성에 대해 이해할 수 있었다.

우리가 흔히 '문제 행동'이라고 낙인 찍는 행동들이 알고 보면

문제 행동이 아닌 개에 대한 잘못된 인식과, 몰이해에서 비롯된 행동임을 이제는 알 수 있을 것이다.

앞서서 계속 이야기해왔던 개에 대한 바른 인식과 개와의 신뢰를 바탕으로한 의사 소통과

관계 맺음을 통해 개가 어떻게 바뀔 수 있는지, 어떻게 바뀌어 왔는지에 대해 이야기하고자 한다.

우리가 흔히 문제견이라고 말하며, 쉽게 포기하고 유기해왔던 개들이

또다른 사람의 노력으로 어떻게 바뀔 수 있는지, 그리고 사람에게 신뢰를 통해,

스스로 생각하고 행동한 개가 어떻게 변화할 수 있는지 깨달을 수 있을 것이다.

단순히 변화된 사례가 아닌 이론과 실제를 어떻게 적용하였는지 그 과정을

스토리텔링을 통해 설명하였으니 앞의 내용을 복습하는 기분으로 쉽게 이해할 수 있을 것이다.

작고 예쁜 순종 지상주의가 불러온 유기견들 : 쫑이의 이야기

오랫동안 알고 지내던 반려견 보호자의 집 앞에 누군가 '남편이 믹스견을 싫어해서 더 이상 키울 수가 없어요. 데리고 나가면 똥개라고 라고..ㅜㅜㅜ, 강아지를 좋아하는 분인 걸로 알고 있습니다. 잘 부탁 드립니다!' 라는 쪽지와 함께 두고 간 믹스견 쫑이의 이야기다. 여자 보호자분은 혼자 감당하기 힘든 13마리를 키우고 있는 중이었고, 주위에서도 시끄럽다고 민원에 시달리는 힘든 상황이었다. 당연히 반려견은 짖는 동물이므로 쫑이도

짓는데 한몫을 한 모양이었다. 그때 당시 반려견 학습을 모델 견을 통해 가르치는 방법(관찰학습)을 위해 똑똑한 믹스견을 찾고 있던 중이었는데 쫑이를 부탁한다는 연락이 온 것이었다. 믹스견은 우성의 유전자를 가지고 태어나 순종에서 보이는 유전적 질병이 나타나지 않는다는 학회 보고도 있고, 미국의 어느 잡지에서는 최고의 견종으로 믹스견을 뽑은 이유도 있었다.

잡종이고 믹스라는 이유로 버려진 한 살 수컷 믹스견 쫑이는 버린 보호자를 원망이라도 하듯 총명한 아이였다. 지인의 집에서 짓는 건 경계의 신호(파수꾼 역할)로 누가 왔다는 걸 알리기 위함이었는데 주택 밀집인 지역에서는 문제가 될 수 있다. 하지만 사람 왕래가 없는 이곳에선 오히려 초인종 역할을 해 주어서 택배나, 집배원 또는 손님이 온 것을 알 수 있게 해 주어 쫑이의 짓음은 전혀 문제가 되는 행동이 아니었다. 손님을 맞이하러 필자가 나가면 짓음을 멈추는 자기 역할을 알아서 하는 아이였던 것이다. 쫑이 나름의 보호자를 위한 짓음이었다.

쫑이를 문제가 있는 반려견을 가르치기 위한 모델견으로 만들기 시작했다. 클리커 페어 트레이닝을 통한 쫑이와의 소통은 다른 개들보다 빨랐다. 배변 훈련은 실내 배변을 가르치는 것에 끝나지 않고 배변 후 배변을 보았으니 치우라는 소통까지 익히는 데 불과 7일밖에 걸리지 않았다.
반려견의 머리가 좋고 나쁨은 클리커 교육 과정 시 사용하는 간식의 개수 또는 교육일수로 측정을 하는 데 문제가 없는 반려견도 한 달 정도 걸리는 과정을 7일 만에 해낸 것이다. 이를 통해 미루어 볼 때(매일 교육 시 간식수를 제한함) 쫑이는 순종견보다 더 우월한 유전자를 가지고 있음이 분명했다.

배변을 보고 종을 쳐서 배변을 치우라고 알려 주었고, 문을 열고 캔넬(이동장)에 들어가고 문을 닫고, 쓰레기통을 열고, 사회성이 없는 아이들과 사교적으로 노는 방법도 알려 주는 사회성 교육에 필요한 모델견으로 친구 역할을 해 주는 똑똑한 반려견이었다.
단지 작고 예쁜 순종 반려견이 아니라는 이유로 버려지는 반려견이 쫑이만은 아니다. 통계에 의하면 한해에 버려지는 반려견의 수는 12만을 넘었다고 하며, 버려지는 반려견의 수는 해마다 계속 늘어나는 추세이다. 버려지는 이유는 다양하지만 그중 믹스라는 이유가 가장 많다. 그다음으로 질병 치료 시 드는 경제적 부담, 문제 행동 등을 꼽을 수 있다.

일반인 스터디를 진행하던 중 보호자들 간의 이야기를 들은 적이 있는데 대화의 내용이 이러했다.

한 사람은 '우리 슈는 유명한 견사에서 챔피언 자견으로 150만 원이라는 거액을 주고 산 아주 훌륭한 혈통을 가진 아이'라고 자랑하고 있었고, 다른 보호자는 '혈통견은 아니지만 70만 원을 줬는데 새끼들 중 가장 작고 예쁜 아이'라고, 서로 키우고 있는 반려견을 가격으로 따지며 품종과 혈통을 자랑하고 있었다.

그런데 중요한 것은 훌륭한 혈통을 가진 챔피언 자견은 저먼 셰퍼드로 고관절 이형성증(고관절의 탈구를 유발하는 유전적인 성장 장애)으로 뒷다리를 절룩거리고 있었고, 작고 예쁜 말티즈는 너무 작게 태어나 힘이 없이 비틀거리며, 작아진 몸에 비해 큰 머리를 가누지 못하는 왜소증(돌연변이에 의한 저신장증을 동반하는 선천성 질환) 같아 보였다. 옆에 있는 페키니즈는 백내장(수정체에 혼탁이 온 상태)을 앓고 있었다. 모두 순종에서만 나타나는 유전병이었다.

모두 작고 예쁜 순종만 좋아하는 사람들의 취향을 맞추기 위한 근친교배에서 비롯된 유전병이다. 또 이러한 순종견의 일부분은 유전병으로 인한 치료비 문제로도 버려지고(유기견 후원금의 대부분이 치료비로 사용된다) 있다. 몸집이 작고 예쁜 반려견을 선호하는 것과 지나치게 순종만을 선호하는 비뚤어진 애견 사랑이 낳은 결과물로 우리나라에 많은 유기견을 발생시키는 원인이 되고 있다.

미국에서는 1970년대부터 유전병 증상을 보이는 반려견에 대해서는 번식을 못하게 해오고 있는데, 우리나라에서는 별다른 제재 없이 번식되다 보니 유전병을 가진 반려견들이 늘어나고 있는 상황이다. 양심있는 브리더들이라면 이런 증상이 보이는 반려견에 대해서는 번식을 피해야 한다고 보며 더 나아가 믹스견을 바라보는 우리의 시각도 작고 예쁜 순종만을 고집하기보다 믹스견도 반려견으로 대하도록 의식이 바뀌었으면 하는 바람이다.

사회성 없는 믹스견 : 떠돌이 레옹이의 입양기

사회성이 없어서 입양을 갈 수 없었던 믹스견 레옹이에 대한 이야기다. 레옹이는 몇해 전 여름 경기도 고양시 거리에서 누더기가 된 털옷을 입고 배회하다가 애니밴드 '고유거'의 회원에게 구조된 유기견이다.

레옹이는 5살 추정의 암컷으로 구조된 후 바로 '딩고 코리아 네발 달린 친구들' 동물학교로 들어온 아이인데, 사람을 물지도 않고, 짖음도 없고, 배변도 멀리 떨어진 곳에 하는 착한 개였다. 그런데 바로 입양을 할 수가 없어서 입학을 하게 되었다. 이유는 단 한 가지 사람을 너무 무서워하기 때문이었다.

반려견을 좋아하는 사람들은 선뜻 이해할 수 없는 부분이라고 생각할 수 있겠지만 유아기 시절부터 사람과의 관계가 없이 살아온 반려견들이 사람을 무서워하는 것은 당연한 일이다.

본디 개들은 사회화 시기가 존재하는데 이 시기는 온라인상에도 많이 올라와 있어 다들 아는 것 같지만 사실과는 너무 다르다. 온라인상에는 3주에서 14주 또는 16주 사이가 사회화에 적기라는 이야기가 많은 주류를 이루고 있다. 하지만 레이먼드 코핑거 박사에 따르면 반려견의 적정한 사회화 시기는 8주 이내로 60일이 되기 전에 진행되어야 한다고 한다.

이유는 어미견과 같이 있는 시기로 어미견의 보호 아래 있을 때는 두려움이 발현되지 않으며 이 시기에 사회화 경험을 하게 되면 대상에 대한 우호적인 반응을 바로 학습하게 된다는 것이다.

또한 미국의 수의사 돈 핸슨(Don Hanson, 젠틀리더(Gentle leader)의 개발자)은 200마리의 반려견을 대상으로 8주 이내에 사회화를 경험한 반려견과 경험하지 않은 반려견, 두 부류로 나누어 실험한 결과 2년 후에 살아남은 반려견을 측정해 보았는데, 사회화를 경험하지 않은 반려견의 개체수가 경험한 개체수보다 월등하게 적었다는 것이다. 개체수가 적은 이유는 살처분되었기 때문이다. 안타까운 결과이지만 8주 이내에 사회화를 경험한 반려견들은 문제 행동을 하지 않은 반면 사회화를 경험하지 않은 반려견은 문제 행동(짖음, 무는 행동) 때문에 안락사의 위기에 처하게 되었던 것이다. 이를 근거로 사회화 교육의 중요성을 알리는 계기가 되어 접종이 마치지 않은 상태에서도 사회화 교육을 시켜야 한다는 이론이 미국 수의학회에서 나오고 있다.

반면 면역 체계가 만들어지지 않은 어린 반려견을 데리고 다닐 수 없다는 말이 나오기도 하지만 방법이 없는 것은 아니다. 어린 반려견을 안고 밖으로 나가 차를 보게 하고, 소리에 대한 정보를 학습하게 하며, 많은 사람들을 만나게 해 주는 것이다. 그리고 잘 배운 나이든 반려견을 안전이 확보된 집안에서 만나게 해서 반려견들과의 좋은 관계를 만드는 법을 가르치면 된다. 잘 배운 나이든 반려견은 어린 반려견을 직접 가르치는 것이 아니라도 바람직한 행동을 하는 것만으로도 어린 반려견에게 관찰 학습을 통해 학습 하게 할 수 있다.

흔히들 사회화 교육을 개들 사이의 우호적 사회화로 인식해 애견카페를 찾아가 서로 어울리게 하는데 반려견들은 서로 접촉(다가가는 행동)하는 행동을 할 때는 무리 생활을 하는 개들을 살펴보면 번식을 주목적으로 낯선 개에게 접근하는 행동을 할 뿐 서로에게 깊은 관심을 가지고 생활하지 않기 때문에 반려견끼리의 사회화는 크게 중요한 부분은 아니다. 하지만 반려견들이 인간 사회에 들어와 살기 때문에 사람과 함께 살아가는 룰을 알아야 하는 사회화 교육은 무엇보다 중요한 일이다.

레옹이는 떠돌이 생활로 인해 대견, 소리, 사물, 경험은 자연스럽게 진행되었지만 사람과 어울려 사는 것에 대한 사회화는 전혀 경험이 없어 사람을 무서운 대상으로 여기고 도망가는 행동 때문에 입양을 갈 수 없었던 것이다. 나이가 먹은 레옹이지만 클리커 페어 트레이닝을 통해 사회화 교육을 가르치면 가능한 일이었다.

레옹이는 사단 법인 고유거(고양시 유기견 거리 캠페인)의 발 빠른 구조에 힘입어 해외로 입양을 서둘렀다. 그래서 해외 입양을 전제로 한 교육을 목적으로 딩고 코리아 네발 달린 친구들 학교에 입학하게 된 것이다.

해외 입양은 입양견에 대한 전제가 있는데 하나는 사람을 물지 않을 것과 또다른 하나는 사람을 좋아하는 애교있는 반려견이어야 한다.

미국에서는 사람을 무는 반려견을 안락사를 하기 때문이고, 한국에서 입양된 반려견이 사람을 물었다는 사고가 발생하게 되면 다른 유기견들의 입양을 막을 수 있기 때문이다. 또한 미국 사람들은 순종보다 혼혈종(믹스)을 선호하는데 애교있는 어린아이 같은 반려견을 더 좋아한다는 것이다.

소심한 레옹이의 경우엔 사람과 살아 본 경험이 없어서인지 사람이 다가가면 적정 거리를 유지하며 거리를 두는 편이어서 만질 수가 없는 아이였다.

해외 입양 관점에서 보면 입양 조건에 맞지 않는 반려견이었다. 소심한 반려견은 언제든 무는 행동을 보일 수 있기 때문이다. 왜냐하면 보통의 무는 행동을 하는 반려견들은 공격성을 가진 것과는 무관하게 두려움 때문에 방어성으로 무는 행동을 하는 것이기 때문이다.

그래서 레옹이는 이 두 가지 문제를 해결하는 데 목표를 두고 계획을 세웠다. 사람에게 스스로 다가오게 만들고, 사람은 두려운 대상이 아니라 좋아하는 모든 것을 제공해 주는 존재라는 인식을 심어 주어야 했다.

반려견을 가르칠 때 사람이라는 존재는 두 가지의 감정이 공존하고 있다는 걸 알고 주의해서 가르쳐야 한다. 사람이라는 존재는 좋아함과 싫어함(나쁜) 두 가지가 존재한다는 것이다. 항상 두 가지는 같이 존재하므로 절대로 나쁜 경험을 하지 않도록 세세한 플랜을 세워서 진행 해야 한다.

예를 들면 사람의 손에 대해서도 '좋음'과 '나쁨(싫어함)'이 존재하는데 특히 손바닥은 나쁨(싫어함)이 많이 존재한다. 이유는 손바닥으로 반려견을 잡고, 발톱을 깎고, 묶는 행동 등으로 싫어함의 감정을 만들 수 있기 때문이다. 그렇기 때문에 싫어함을 경험하지 않도록 배려하여 세세하게 진행되어야 한다.

레옹이에게 다가가는 방법보다 스스로 다가오는 계획을 세워 놓고 목소리가 하이톤인 여자 트레이너에게 먹을 것을 앞에 두고 앉아서 레옹이 가 다가오기를 기다리게 했다.

약 두 시간이 지난 후 레옹이는 먹을 것에 관심을 가지고 사람 근처에 다가오기 시작하였고 가까이 올 때마다 클리커를 울리고 손에 든 간식을 던져 주며 보상이 사람에게서 나온다는 것과 위험하지 않은 대상이라는 것을 알게 해 주었다. 점진적인 방법으로 아주 천천히 오랜 시간을 두고 진행했다. 네 시간쯤 지나자 트레이너 손에 얼굴을 맡기는 행동까지 진행하게 되었다. 클리커 페어 트레이닝은 신뢰가 만들어 있지 않은 야생동물의 교육도 가능한데 룰만 정확하게 알고 야생동물이 안전하다고 생각하는 거리를 두고 하는 접근법으로 진행하면 규칙을 가르치는 일은 어렵지 않게 진행할 수 있다. 이처럼 사람과의 신뢰가 없던 레옹이도 클리커 페어 트레이닝을 통해 사람과의 신뢰를 조금씩 만들어 나갈 수 있었다.

하지만 레옹이의 문제는 오랜 시간 사람과의 접촉을 하지 않았던 이유도 있지만 심리적 (마음의) 문제이기 때문에 바로 좋아지는 효과는 보지 못하였고 하루는 다가오고 다른 하루는 다가오지 않는 행동을 반복했다. 이 문제도 감안하고 계획을 세워 두었던 터라 조급하지 않게 진행을 했다. 레옹이가 다가오지 않으면 트레이너도 다가가지 않고 오히려 물러서는 행동으로 어떤 행동이 스스로에게 바람직한지를 느끼게 해 주었다. 그렇게 석 달이 지날 무렵 레옹이는 사람이 나타나면 꼬리를 치며 반기는 반려견으로 바뀌어 가고 있었다.

심리적 문제를 앓고 살아가는 반려견을 가르칠 때는 행동을 고쳐야 한다는 생각보다는 이해를 시켜야 한다는 생각으로 계획을 세우고 진행해야 무리가 없다. 그리고 아무리 교육자가 좋은 의도로 행동한다고 해도 반려견은 알아채지 못 할 수 있다. 그렇기 때문에 정확한 학습 원리에 입각한 교육 계획을 작성하여 진행하기 바라며 한 번에 성공하지 못한다고 해서 조급해하지 말고 계획을 세세하게 다시 작성을 해 시도를 한다든지 또는 상위 트레이너에게 자문을 구하는 방법을 권장한다.
사회성을 배운 레옹이는 현재 샌프란시스코에 입양되어 행복하게 살고 있다.

산책을 싫어한 반려견 : 내 사랑 앨리스

어떤 보호자가 본인이 키우는 반려견을 사랑하지 않을 수 있겠냐 만은 그 사랑이 유독 크다는 것을 느끼게 하는 보호자의 이야기이다.

앨리스는 한 살의 암컷 믹스견으로 샤프한 몸매를 가진 소형견이다. 앨리스의 보호자를 처음 만난 곳은 '유기견 사랑 베풂이(회색 스타일)' 카페에서 진행하는 견주 교육 세미나에서다. 맨 앞줄에 남편으로 보이는 분과 나란히 앉아 있었고, 강의하는 내내 필기를 하시며 강의가 끝난 후에는 순서를 기다렸다는 듯이 많은 질문을 하셨던 분이었다.

매년 주기적으로 유기견을 임시 보호 또는 입양하여 키우는 분들을 대상으로 '문제 행동으로 인한 파양 방지와 올바른 관리에 대한 보호자의 행동'이란 주제로 보호자를 위한 교육을 하는데, 장소가 서울이었음에도 앨리스의 보호자는 멀리 천안에서 남편 분을 설득하여 같이 오셨다. 수강자 중 남자는 한 명뿐이어서 더 기억에 남는 분이다. 보통의 가정에서는 여자 분들이 반려견을 적극적인 관리하는 반면 남편 분들은 반려견에 대해 무관심 또는 약간의 호응 정도를 보이는 경우가 많다. 그런데 이 분들은 아마 보호자 분이 강의를 통해 앨리스의 행동에 대한 문제점을 들어 보고 대안책을 같이 만들어 가고자 싶은 마음에 적극적인 설득이 있었던 것 같았다.

반려견의 문제 행동에 있어서 모든 가족의 일관성있는 태도가 훨씬 빠른 행동 수정을 만들 수 있다고 말한 듯했다. 나중에 들었지만 남편 분의 말씀이 강의 들으러 온 게 정말 잘한 일인 거 같다는 후문이 있었다.

보호자가 질문한 내용을 살펴보면,

첫 번째, 산책할 때 냄새 맡는 것에 너무 집중하는지 보호자의 말을 듣지 않고 산책을 하며, 공원에 떨어져 있는 음식을 물고 도망 다니고, 아기작아기작 먹고는 귀를 뒤로 젖히고 꼬리를 치며 돌아온다는 것이다.

두 번째로는 산책을 매일하는데도 흥분이 가라앉지 않아서 리드줄을 마구 당기며 산책을 한다는 것이다.

세 번째로는 3~6세 되는 아이들과 마주하면 짖으며 달려들고 경계를 해 혹시나 아이들을 물까봐 걱정이 된다는 내용이다.

네 번째로는 간식이 없으면 말을 듣지 않는 것이고, 다섯 번째로는 산책은 좋아하면서도 리드줄을 무서워하여 줄을 매는 데 시간이 너무 걸린다는 것이다.

위의 행동들은 보편적으로 일반 가정에서 많이 보이는 행동으로 파양할 정도의 큰 문제 행동은 아니지만 집안에서 자주 벌어지는 작은 일들이었다. 하지만 그냥 놔두면 나중에 더 큰 문제 행동으로도 이어질 수 있는 문제도 안고 있는 행동들이다.

보호자 교육에 있어서 좋은 내용의 사례들로 교육 받은 보호자의 후기를 통해 다른 보호자들에게 간접 교육을 시킬 목적으로 방문 교육을 해 주기로 약속을 했었다.

방문 교육을 가기 전 행동 수정 계획을 짜기 위해 가족과의 생활과 환경을 알아야 해 평상 시 생활 패턴을 물어보았다. 아침에 일어나면 보호자는 앨리스를 안고 얼굴을 부비며 아침인사를 시작으로 하루를 시작하는데, 그때 앨리스는 팔 안에서 빠져 나오려고 애를 쓰며 싸움 아닌 싸움이 시작된다며 그 또한 즐거운 일이라고 했다.

남편 분은 출근 준비로 바쁘게 움직이다가 출근을 하고, 보호자 분은 조금 늦은 시간에 앨리스에게 사료와 물을 챙겨 주고 출근하는 맞벌이 부부이다. 하루 종일 혼자 집에 있는 앨리스가 걱정되는 보호자는 퇴근하자마자 곧장 집으로 향한다고 했다.

보호자 분은 퇴근 후 혼자 있던 앨리스가 안쓰러워 더욱 안아 주는 행동을 했으며, 바로 앨리스를 위로하기 위한 산책을 해 준다는 것이다. 모든 문제 행동은 산책 시 일어나며 그에 대한 보호자의 반응은 무방비 상태였다.

그런데 혼자 하루 종일 지내는 앨리스는 무얼 하며 지내는지가 궁금했다. 보호자도 궁금해서 CCTV를 설치하여 보았더니 사료도 먹고, 장난감을 가지고 혼자 잘 노는 모습을 보고 안심했다고 했다. 그리고 혼자 있을 때 나오는 분리불안 스트레스 반응 행동인 보호자가 나간 곳을 쳐다보며 앉아 있거나, 간혹 짖음, 또는 발가락을 핥는 행동 등도 볼 수가 없을 정도로 지극히 정상적이었다.

산책 시의 문제 행동을 유추를 해 보자면 오랜 시간 혼자 있던 앨리스는 돌아온 보호자가 반갑지만 서둘러 산책을 가자고 보채는 흥분한 상태이었을 것이다. 나가자고 재촉하는 앨리스에게 리드줄을 거는 타이밍에 아마 앨리스의 목을 조였을 것이다. 이때 앨리스는 리드줄에 대한 트라우마가 생겼을 가능성이 크다.

또한 같은 시간에 매일 나가는 산책으로 앨리스는 이미 돌아온 보호자를 보면서부터 흥분 레벨이 상승되어, 본능에 충실한 상태인 몸과 뇌가 만들어진다. 이때 몸은 집안이지만 머릿속은 공원에 가 있는 이성적이지 못한 극도의 흥분 상태로 줄을 당기는 행동이 나오게 되는 것이다. 그리고 공원에 떨어져 있는 과자 부스러기도 줄을 당기는데 한몫을 하였을 것이다. 왜냐하면 수제 간식이나 생식 등으로 아무리 잘 먹였다 하더라도 넓은 공원에서 코를 사용하며 탐색하여 찾은 작은 과자가 앨리스에겐 더 달콤한 간식으로 작용했을 것이니 말이다. 아마 이 행동(코를 사용하여 과자 찾는 게임) 때문에 집 안에서 조용한 앨리스가 만들어진 듯하다.

특히 공원에서 소리 지르며 뛰어 다니는 아이들의 행동은 앨리스의 입장에서는 부정적으로 받아들여 경계의 대상으로 다가오지 않았으면 하는 행동의 표현인 것이다. 이렇게 앨리스의 문제 행동의 원인을 유추 해석을 통해 모두 찾아내었다.

산책할 때 나타나는 앨리스의 문제 행동 원인을 파악했고, 행동 수정을 위한 계획을 세운 뒤 앨리스가 살고 있는 천안으로 향했다.

방문 전에 미리 보호자와 방문 교육을 위한 전제 조건을 만들기 위한 숙제를 내 주었는데, 그것은 하루 동안의 '앨리스 무시'이다. 주로 산책을 시키는 보호자에게 아침에 일어나면 안아 주는 행동을 하지 말 것과, 밥과 물은 평상시대로 주지만 눈도 마주치지 말라는 숙제를 해 보라고 한 것이다.

평상시 앨리스를 안는 행동을 하였을 때 앨리스는 빠져나오려고 했다는 것은 보호자가 안는 행동을 싫어하거나, 보호자로서 인정을 하지 않는다고 판단했기 때문이다. 숙제를 하고 난 다음 날 앨리스가 변한 행동들을 알려 달라고 했으며, 그 행동을 보고 방문교육으로 마무리할 생각이었다.

무시당한 앨리스는 그간 시크하게 대했던 남편 분에게도 먼저 다가가 관심을 보였으며,

스스로 다리 위에 올라와 안아 달라고 조르는 행동을 보였다는 것이다. 앨리스는 안아 주는 게 싫었던 것이 아니라 보호자의 관심이 보상으로 작용하지 않았던 것이다. 지나친 애정 표현과 사랑이 넘쳐났다는 이야기다. 즉 아무리 맛있는 음식이 있더라도 매일 같은 음식으로 제공되면 좋은 감흥이 떨어진다는 의미이다. 앨리스는 보호자의 무시를 통해 보호자의 관심을 사기 위한 행동을 하기 시작한 것이다.

이제 앨리스 스스로가 보호자의 관심을 받기 위해 생각해야 되고, 바람직한 행동을 하여야 관심을 받을 수 있다는 것에 대한 전제 조건이 만들어진 것이다.

일단은 리드줄에 대한 거부감을 없애는 조직적 역조건 형성을 시작으로 앨리스와의 클리커 페어 트레이닝을 시작했다. 앨리스는 다른 개와는 달리 빠르게 학습하는 아이였다. 처음 클리커 페어 트레이닝을 시작하면 제공하는 간식의 개수를 통해 반려견의 학습 능력을 체크하곤 하는데, 앨리스는 간식 5개 만에 의도를 알아내는 기특함을 보였다. 특히 평온한 가정에서 사랑을 잘 받고 살아온 아이들일수록 이런 학습 능력을 보이므로 좋은 환경의 중요성을 알 수 있다.

리드줄에 대한 거부감을 없애는 교육은 앨리스 스스로가 리드줄에 다가가게 만들고 목에 착용하는 순서로 진행하였고, 목에 착용 후엔 집 안에서의 산책 교육을 시켰다. 전에 보호자는 줄을 목에 착용하자마자 재촉하는 앨리스의 의도대로 따라 나갔다면, 그와 반대로 줄을 목에 착용하고 차분한 상태를 유지하며 집 안에서 공원 산책을 위한 연습을 충분하게 시켰다.

의도한 대로 앨리스는 생각하고 행동을 했으며, 보호자 분도 앨리스의 머리 굴리는 소리가 들린다며 신기해하고, 우리 앨리스가 머리가 좋은 아이란 걸 이제야 느꼈다며 본인이 공부를 더 해야겠다고 하셨다.

다음으로는 땅에 떨어진 음식물을 먹는 행동에 대한 수정이었다. 땅바닥에 떨어진 음식을 먹지 않게 가르치는 방법으로 대부분은 "안 돼!"라는 큰 소리로 반려견의 행동을 막는 데 중점을 두고 가르치는데 절대 이해를 시킬 수 없는 방법이다. 왜냐하면 큰 소리에 대한 두려움으로 행동을 멈추게만 할뿐 정작 주워 먹는 행동이 나쁘다는 걸 이해하지 못하기 때문이다. 그리고 큰 소리로 인한 부정적인 감정이 만들어져 보호자가 없을 때, 또는 보지 않을 때 주워 먹는 행동이 나오기 때문에 바람직한 교육 방법이 아니다.

대안 행동을 만드는 방법이 좋은데 앨리스가 좋아하는 보상물 두 가지를 정말 좋아하는 것(a)과 그냥 좋아하는 것(b)을 나누어 준비한다. 준비해 둔 b를 앨리스가 먹을 수 없는 장소 즉 줄이 닿지 않는 곳에 던져 두고 기다린다. 이때 모든 반려견들은 보호자에게 내가 할 수 없는 일이니 도와 달라는 아이 컨택을 보내는데, 이 타이밍에 a의 보상물을 손으로 제공해 주는 방법으로 바꾸어 가면 된다. 이 학습을 경험한 반려견은 땅에 떨어진 음식을 보고는 보호자를 쳐다보며 '어떻게 할까요?'라는 아이 컨택을 보내는 아이로 바뀌어 가는 것이다. 즉 보호자의 의도를 물어 보는 것이다. 주워 먹지 않고 기다린 것에 대한 보상으로 더 좋은 보상물을 제공해 주어 행동을 만들어 가는 것이 바람직한 방법이다.

생각하고 행동하는 앨리스가 만들어졌으니 공원에 나가서 실전에 적응할 문제만 남아 있는 상황이었다. 또 가르치는 사람이 바뀌었을 때에도 잘하는지도 검증을 해 봐야 했다.
마침 일요일 낮이라 아이들이 소리를 지르며 뛰어 다니며 놀고 있어서 검증하기 좋은 상황이었다. 일단 아이들에 대한 거부감을 없애기 위해 아이들에게 간식을 나누어 주고, 앨리스에게 다가와 간식을 하나씩 선물해 주는 것으로 거부감을 호감으로 바꾸어 갔다. 그리고 바로 보호자 분에게 리드줄을 넘겨 주고는 산책을 시켜 보라고 하였다. 역시 앨리스는 똑똑한 아이였다. 보호자의 발걸음에 맞추어 줄을 당기지 않고 산책을 하며, 아이들과 만남에서도 전혀 짖지 않고, 땅에 떨어진 음식보다는 보호자의 의도를 생각하며 차분하게 산책을 즐기는 아이로 바뀌어 갔다.

입양 후 문제 행동이 커진 반려견 : 마음의 상처를 입은 양지

대부분의 보호자가 그렇듯이 반려견의 문제 행동에 대해 처음에는 대수롭지 않게 생각하다가 점점 커지는 문제 행동에 대해 감당할 수 없을 지경에 다다르면 대처 방법을 찾기 시작한다.

전문 클리커 트레이너를 만나면 다행이지만 보호자 스스로 문제를 해결하기 위해 온라인에서 찾아보거나 숙련도가 낮은 트레이너를 찾는 방법을 선택하게 되면 문제는 더 크게 악화되어 반려견에게 큰 트라우마나 심리적 불안을 조장할 수도 있기 때문이다. 참고로 딩고의 클리커 페어 트레이너는 반려견에 대한 행동학은 물론 학습 원리까지 공부하고 임상을 맞친 전문 트레이너들이다.

2015년 초봄, 서울대학교에서 일반인 보호자를 위한 클리커 아카데미를 진행할 때의 일이다. 양지는 1살 추정의 암컷 푸들로 경기도 양평에 있는 유기견 보호소 '티구니 하우스'에서 입양을 가기 위해 꽃단장을 하고 기다리고 있던 반려견이었는데 방문하는 사람들에게 적대적인 행동을 보여 입양이 계속적으로 무산되고 있었다. 이런 마음 아픈 소식도 온라인으로 후원해 주시는 분들에게 실시간으로 전해지는데 한 유치원을 운영하는 후원자 분이 안쓰럽게 생각한 나머지 입양 전제 임보(임시보호)를 신청하게 되었다.

반려견을 키워 본 경험이 있었고, 유치원 선생님의 직업 특성상 교육학 이론을 공부하신 분이라 양지의 문제 행동을 다룰 수 있을 것이라 생각했다. 하지만 문제는 입양 후에 더 크게 발생했다고 한다. 양지의 문제 행동 내용에 대해 보호자는 이렇게 전했다.

"집에 온 첫날인 1월 1일부터 저의 한숨 소리는 끊이지 않았습니다. 1살이지만 그 전 주인에게 얼마나 많은 학대를 당했는지 손만 들어도 입질을 했습니다. 첫날 물린 상처를 시작으로 손은 만신창이가 되었고, 허벅지 다리 모두 상처투성이이었습니다. 집에 오는 사람들에게도 거품을 물고 달려들어 마음이 많이 상했습니다. 그러다 급기야 3월에는 얼굴까지 물리는 대형 사고로 종합병원에서 얼굴을 꿰매고 나오는데 눈물이 펑펑 쏟아졌습니다. 그 뒤로 물린 트라우마로 점점 움츠려들고 너무 힘들어서 다시 돌려보내고 싶은 마음이 들곤 했지만, 이 녀석이 다른 곳을 가더라도 똑같은 생활을 다시 반복하게 될 거라고 생각하니 못할 짓이라고 생각했지만 아껴 주는 마음을 몰라 주니 서러움이 밀려와 많이 울었습니다."

그 뒤 필자와의 상담을 통해 양지의 행동을 더 자세히 듣게 되었는데 같이 키우고 있는 반려견 미키(3살 암컷 푸들)와도 어울리지를 못하고 따로 행동을 하며, 본인이 사라지면 울고, 짖고를 반복하고 돌아와서 안으려고 하면 거품을 물고 달려들어 무는 행동을 한다는 것이다. 그렇지만 안쓰러운 마음에 자꾸 손이 가게 돼 더 물렸다는 것이다.

본래 푸들의 성향은 애교스럽고 활달해 가정견으로 적합한 견종 중 하나이다. 하지만 집착이 강해서 어릴 적부터 키운 푸들은 사람에게 배우자 유대가 만들어지는 경향이 강한 견종으로 분리불안 행동을 많이 한다. 배우자 유대는 어릴 때부터 키운 반려동물이 키우고 있는 보호자에게 생기는 증상으로 보호자를 배우자로 생각해 보호하거나 적으로부터 쫓아내기 위해 보호자를 무는 행동 또는 방문객을 무는 행동으로 발현이 된다.
그리고 한때 푸들은 많은 인기로 수요에 맞춰 공급하지 못하는 일이 생기기도 하였는데, 특히 푸들은 새끼를 낳아도 한두 마리를 낳거나 낳아도 작고 약하게 태어나 살릴 수 있는 확률이 적었다. 이때 많은 생산을 하고자 일부 번식 업자들은 작지만 다산을 할 수 있고 건강해서 죽는 확률이 적은 코커스패니얼을 교잡하는 일이 발생했었는데 그 뒤 '코카푸'라는 하이브리드 품종이 만들어지기도 했다. 하지만 코카푸 품종에게서 많은 문제 행동이 발생되기 시작했는데 이러한 문제 행동을 하는 하이브리드 품종은 유전되어지는 행동이므로 절대적으로 행동 치료를 포함하여 중성화를 해야만 한다.

양지의 얼굴에서는 늘어진 큰 귀와 컬이 들어간 털이 코카푸임을 말하는 증거들이 보였다. 양지는 푸들과 코커스패니얼의 피를 받은 혼종이었고, 과거 생활의 트라우마로 사람을 좋아하면서도 사람의 손에 대한 두려움을 가지고 있는 것으로 판정되었다. 다행스럽게 양지는 돌발적으로 무는 반려견은 아니고 보호자에게 집착으로 혼자 사랑을 독차지하려는 성향이 많은 마음 약한 반려견이었다.
미키와 함께 있는 사진을 보면 푸들과 코카푸의 차이를 느낄 수 있게 하는데 귀의 크기와 귀의 털의 모양과 귀의 위치가 말해 준다. 더 자세히 들여다보면 이빨의 비교에서 더 차이가 드러난다. 코커스패니얼이라는 견종은 사냥을 하는 품종으로 송곳이 크고 날카롭게 자라는데 양지의 송곳니도 그러했다. 그리고 코커스패니얼은 넓은 들판을 뛰어다니는 품종인 만큼 에너지가 많고 흥분을 잘해 두려움과 흥분이 조절이 안 되는 상황일 때는 바로 무는 행동으로 발현된다.

양지는 마음 약한 코카푸였다. 유기되기 전에 이미 만들어진 심리 상태였기에 과거의 상황은 알 수 없지만 사람의 손이 올라갈 때 거품을 물고 달려드는 행동으로 미루어 알 수 있는 것은 손으로 벌을 받았다는 것이다. (손에 의한 안 좋은 기억)
모든 반려견들은 공격을 위해 무는 행동을 하지 않는다. 태초의 야생견일 때부터 사람과 함께 살기를 원했던 반려견은 유전적으로 혹독한 학대를 받지 않는 이상 그 공격으로 상대를 죽이기 위해 물지 않는다는 것이다. 다만 그 상황이 반려견에게 위험하다고 판단되기 때문에 상황을 피하기 위한 행동이라고 생각하면 된다.

혼자 있어서 두려워하는 반려견을 혼내면 그 두려움이 더 커지게 되는 것과 마찬가지로 사람에게 두려움을 가지고 달려드는 반려견을 혼내면 마찬가지로 더 큰 두려움으로 도망 갈 수 없는 상황에서는 달려드는 행동이 최선인 것이다. 여기서 반려견은 무는 행동 뒤에 그 상황을 모면했다면 그다음에도 같은 방법으로 상황을 모면 하려는 반려견으로 학습하게 되는 것이다.

양지의 심리 상태를 이해하지 못한 보호자는 일방적인 사랑이 양지의 마음을 움직이게 할 거라는 행동으로 더 악화되는 상황이 발생하였던 것이다. 쉽게 풀어 보자면 보통 훈련에서는 문제 행동이 일어나면 그 문제 행동이 일어나는 것을 막는 데 중점을 두고 훈육을 한다. 하지만 클리커 페어 트레이닝은 절대 문제 행동에 핵심을 두지 않는다. 다만 문제 행동이 일어나는 원인에 대해 이해를 하고 그 원인을 소거시키기 위해 이해시키는 데 중점을 두고 그와 상반된 행동을 가르친다.

양지는 미키와의 친밀한 관계를 만들기 위해 미키가 나타날 때 그 뒤 에 보호자가 나타났고, 미키가 사라지면 보호자도 함께 사라지는 행동으로 보호자를 좋아하는 마음을 미키에게도 전이시켰다. 고전적 조건화 이론으로 좋아하는 것과 같이 등장하는 사물이나 장소도 같이 좋아하게 전이되는 것이다. 또 보호자가 안거나 만지는 행동을 할 때 무는 행동이 나타나면 보호자가 사라지는 행동으로 좋아함을 빼는 행동(부의 약화)을 병행해갔다.

그런데 부의 약화는 심리적으로 불안한 상황이 될 수 있기 때문에 가급적 양지의 바람직한 행동을 만들어가는 데 시간을 투자하게 했다. 양지에게 손을 올려도 반응하지 않는 거리를 두고 잘하는 행동에 다가가 보상을 주는 방법(보호자가 양지 곁으로 보상을 들고 다가감)으로 말이다.

보통 반려견들은 자기들만의 안전하다고 생각하는 거리를 가지고 있으며 불안한 심리상태일 때 그 안으로 들어가면 반려견들은 달려들거나 도망을 간다. 양지에게는 그 거리가 멀지 않고 약 1미터 정도였다. 1미터 밖에서 손을 올리는 행동을 할 때 양지가 아무 반응 없이 행동하면, 클릭 = 보상을 하며, 손이 두려운 대상이 아니라는 걸 이해시킴과 동시에 손과 보상의 연관학습을 시켜 나갔다. 점점 손을 좋아하게 연관시켰던 것이다. 점점 그 거리도 좁혀 나갔고, 양지의 얼굴에 손이 다가가도 가만히 있게 되었다. 그리고 양지가 그나마 허락하는 신체 부위부터 천천히 만지면서 클릭 = 보상을 제공하면서 몸 전체를 어루만지게 하였고 보상으로 양지가 가장 좋아하는 닭가슴살을 제공해 주었다. 이러한 심리적 치료를 역 조건 형성이라고 하는데 하루에 진행된 과정이 아니라 4주에 걸쳐 천천히 조금씩 진행된 것임을 명심하기 바란다. 그리고 보호자가 멀어지는 행동은 바람직하지 않은 행동이 나올 때마다 아주 짧게 진행했다. 타임아웃을 적용시킨 것인데 타임아웃을 너무 길게 진행하면 불안감을 증폭시키거나 또는 스스로 보상을 받는 행동을 하기 때문에 아주 짧게 진행해야 효과를 얻을 수 있다.

4주의 클리커 페어 트레이닝 교육을 마친 보호자는 용기를 내어 양지의 이빨을 닦아 주었고, 귀청소도 시켜 준 뒤 목욕까지 해 주었다고 후기를 올려 주었다. 그러면서 임시보호를 하시는 분들에게 부탁의 메시지도 덧붙였다. 무는 행동, 배변을 못 가리고, 짖는 아이들에게 배울 수 있는 기회를 주고 기다려 달라는 글과 함께 꼭 가르치면 파양이라는 단어는 없어질 것이라며 간곡한 글로 마무리를 하셨다.

그렇다. 문제견은 없다. 다만 그들의 행동을 이해하지 못하고 인간의 기준으로 생각하기 때문에 오해에서 오는 행동이 반려견을 궁지로 내모는 것이다. 우리가 조금 더 반려견의 행동을 이해하고 배려하여 사람과 살아가는 방법만 가르친다면 반려견과 인간이 행복하게 공존하며 살아갈 수 있는 것이다.

반려인을 무는 고양이 : 낭만 고양이 도레

함께 살면서 반복되는 도레와의 문제

반려 동물 반려묘 도레와 함께 지내면서 가장 큰 문제,

나를 계속 끊임없이 무는 행동.... 그로 인해 상처투성이가 되어버린 내 몸과, 마음.

어떻게 하면 좋을지........

예쁘게 있으면 카메라에 절로 손이 간다.

눈도 잘 맞춰 주고 말도 냐옹냐옹 잘하는 도레.

내가 만질 때면 골골 대거나 좋다고 머리를 들이 미는데

어느 순간이 지나면 어김없이 물어 버린다. 점점 빠른 속도로....

그 순간을 피하지 못하면 결국은 상처...

너무 속도 상하고 아프기도 했지만 함께 살아가면서 맞춰가는 과정이라고 생각했다.

물 때면 콧잔등을 때리기도 하고 빈 페트병을 빠지직하며 소리를 내 보기도 하고,

소리를 지르기도 했고, 엉덩이를 때리기도 했다.

몸통을 붙잡아 놓고 눈빛으로 제압하며 큰 소리로 말하기도 했지만,

오히려 더 물리거나 도레가 딴 방으로 도망을 갔다.

이후에는 아무렇지 않은 듯 내 앞에 와서 쉬며 나를 바라본다. 정말 아무 일 없었다

는 듯이 잠자는 모습도 편해 보여 불편해 보이지 않는데 왜, 왜? 날 자꾸 무는지

너무 예뻐하는데, 진짜 내가 동물을 좋아하고 좋아하는데.......

지인의 소개로 필자에게 사진과 함께 보내온 글과 사진이다.

너무나 도레를 사랑하는 모습이 글을 읽으며 느낄 수 있었다. 하지만 도레의 돌발적으로 무는 행동에 속수무책으로 당하는 보호자 입장은 당혹스러울 수밖에 없으며 이건 당연한 일이다.

우리가 알고 있는 상식으로는 알 수 없는 일이다. 사랑과 애정을 바탕으로 놀아 주고, 밥을 챙겨 주며, 깨끗한 잠자리와 생활공간을 아낌없이 나누어 주는데 왜? 무는 행동을 하는 것인지?

대부분의 반려견들은 불안이나 두려움에 기인한 방어적 공격성(무는 행동)을 가지고 있지만 반려묘들 중 공격적인 성향을 가지고 무는 아이들은 없다고 단정 지을 수 있다. 다만 야생에 사는 고양이는 불안이나 두려움으로 방어적 공격을 하는 일이 있지만 대부분의 고양이는 그 자리를 피하거나 하악~! 이란 소리로 불편함을 먼저 말한다. 하지만 도레의 경우는 오랫동안 같이 살고 있는 보호자를 무는 행동은 불안이나 두려움에서 무는 행동이라고 볼 수 없다. 그럼 왜? 아껴 주고 보살펴 주는 엄마 같은 보호자를 무는 것일까?

고양이들이 무는 건 여러 가지 문제로 생기는데 흔한 경우는 환경적인 문제를 안고 태어난 경우를 들 수 있다. 대체적으로 어미와 일찍 떨어져 살았을 경우, 또는 태어난 형제가 많아 발육 상태가 좋지 않은 개체에게서 나타난다.
또 고양이들의 성격은 대략 두 가지로 나눌 수 있는데 하나는 사회적 접촉을 좋아하고 사람들과 친해지는 타입이고, 다른 하나는 접촉보다 경쟁적 놀이 즉 사냥을 즐기는 고양이로 나누어진다. 후자의 경우 처음엔 사회적 접촉을 받아들이지만 보호자가 계속 손으로 만져 주면 이를 참지 못하고 공격적으로 변할 수 있다. 보호자와 애정을 즐기다 갑자기 독립적이고 사냥 본능을 지닌 어른 고양이로 돌아가 손을 사냥감으로 취급해 물고 뒷발로 차 버리는 것이다. 처음엔 새끼 고양이로 돌아가 어미 품에 안겨 있는 것처럼 행동하다가 일어나는 일이라 보호자들은 속수무책으로 당할 수밖에 없는 것 이다.

유전적인 문제를 들 수 있는데 'Rage Syndrome(레이지 신드롬)'이라는 돌발성 격노 증후군으로 갑자기 물어뜯는 아이들도 있다. '부분 전환'이라고 해서 발작이 일어날 때 물지만 잠시 후 발작이 가라앉으면 다시 안정된 상태로 돌아가 아무 일 없는 듯 행동하는 것을 말한다. '레이지 신드롬'은 '레이지 독'이라고도 하고 '잉글리쉬 스프링거 스파니엘 코카'류 견종에서 많이 나타나고 있다고 알려져 있다. 하지만 고양이에게서도 나타나는데 정도의 차이는 좀 있지만 '레이지 캣'이 있다. 특히 귀가 접힌 '스코티쉬 폴드'라는 종에서 나타나는 걸 볼 수 있다. 이 종은 귀가 접히는 기형부터 뼈에서 오는 병으로 유전되는 걸로 알고 있다. 그래서 스코티쉬 폴드의 원산지인 영국에서는 번식 자체을 제한하고 있지만 번식을 좋아하는 미국에서는 번식을 하며 무는 개체는 안락사를 한다. 귀여움에 번식을 하고는 문제가 생기면 안락사를 하는 것이다.

레이지 캣은 귀가 접히지 않은 고양이에서도 나올 수 있는 부분이라 장담을 할 수 없었지만 글에서 보면 도레와 장난을 치다가 예고 없이 무는 상황으로 보아선 레이지 캣의 상황은 아니었고, 도레는 일찍 어미와의 이별을 겪어 사회적 접촉보다 사회적 놀이를 즐기는 성격의 고양이이였다.

고맙게도 고양이를 키우는 보호자(집사)들은 키우는 고양이가 물어도 포기하지 않고 대부분은 감수하며 살아간다. 그러면서도 고양이와의 놀아 주는 시간도 할애해 가며 개선시키려는 노력을 게을리하지 않는다.

도레의 보호자도 마찬가지였다. 하지만 안타까운 마음에 물리면서도 손이 무리하게 가는 것은 따뜻한 마음에서 오는 행동이라 어쩔 수 없는 행동인 것이다. 어린 도레를 보호소 철장으로부터 데리고 오면서 보호자는 도레를 위해 모든 걸 다 해 주고자 마음을 먹고 지극정성으로 시간을 할애해가며 보냈을 걸로 보인다.

도레도 분명 어릴 적 이갈이 시기부터 무는 행동이 발현되었을 것이다. 그때는 참을만하고 받아 주기 수월하였을 것이나 이갈이가 끝난 후 부터는 참을 수 없는 고통이 동반되다 보니 본의 아닌 체벌을 하게 되었을 것이고 마음에 상처도 입었을 것이다. 이는 도레의 보호자 뿐 아니라 모든 고양이 보호자들에게도 해당 되는 일일 것이다.

본디 집고양이는 한 발은 사람과 살고 있으면서도 나머지 한 발은 야생으로 돌아가기 위한 독립 준비를 하며 살아가는 본능을 가지고 있다. 그래서 어릴 적부터 살아 남기 위한 본능으로 사냥을 하기 위해 연습을 하기 시작하는데 원래는 동료 형제들과의 놀이를 통해 습득되는 과정이지만 형제들과 일찍 떨어진 개체에서는 사람을 형제로 착각해 사람과 사냥을 위한 연습을 하기 시작하는데 그 행동을 손으로 받아 주게 되면 사람의 손을 사냥감으로 인식하는 경우가 생기기도 한다. 그 후 사냥감으로 인식된 손을 물어 상처를 입히는 경우가 생기는 것이다. 그 후 보호자들은 코를 때리거나 하는 방법으로 체벌을 주게 되지만 좀처럼 개선이 되지 않는 것이 현실이다.

우리와 함께 살아가는 고양이들도 지능을 가지고 있다. 즉 고양이들도 생각을 하고 판단을 하며 스스로에게 이로운 방법을 선택하고자 한다. 반려견들만 트레이닝이 되는 것이 아니라 좀 더디지만 고양이들도 트레이닝이 가능하다. 클리커 페어 트레이닝을 통해 도레에게 무엇이 이로운 행동인지를 인식시켜 주면 스스로 바람직한 행동을 알아서 하게 되는 것이다.

일단 안쓰러워하는 보호자를 교육시켜야 했다. 왜 무는 행동을 하는지와 고양이에 대한 습성을 이해시키고 동시에 대처 방법을 보호자에게 알려 주는 계획과 손에 대한 사냥감 인식을 바꿔주는 교육으로 계획을 세웠다. 손은 먹을 것을 주는 존재이며 스킨십을 해주는 아주 존경스러운 존재감으로 바꾸어 주는 것과 동시에 보호자를 존경하게 만들 계획이었다.

시작은 텔링턴(Tellington)이 고안한 T-터치(T-touch)를 활용하여 도레를 차분하게 진정시키는 방법부터 진행하였고, 클리커 페어 트레이닝을 통해 도레를 생각하게 만들었다. 지정된 곳에 발을 올리는 행동과 손에 터치 하는 행동, 보호자의 "앉아"란 말에 앉게 트레이닝을 진행했다.
그리고 보호자와의 관계 문제는 보호자가 자주 나타나지만 나타난 후 도레와 같이 있는 좋은 시간은 아주 짧게 진행해 아쉬움이 남게 진행했다. 이는 고양이가 사냥본능 상황에 이르지 않도록하기 위해서이다. T-터치를 할 때에도 예민하게 생각되는 배나 뒷다리 근처는 건드리지 않고 진행하였다.
그리고 보호자가 나타날 때마다 도레가 좋아하는 보상물(좋아하는 모든 것)과 같이 등장해 효과를 증가시켰다. 이런 과정을 통해 보호자를 사냥감을 지닌 동료가 아닌 자기를 아껴주고 보호해 주는 인식으로 바꾸어 주는 것이다.

이렇듯 클리커 페어 트레이닝은 동물스스로 생각하게 하는 게 목적이며 억지로 상황에 꿰어 맞추려 하지 않는다. 먹이(간식)로 유도하거나 힌트도 주지 않는다. 무조건 동물 스스로 생각으로 판단하고 선택하게 하고 클리커로 환경을 관리할 뿐이다.

우리가 고양이 세계로 들어 간 것이 아니라 사람 세상으로 고양이를 끌어들인 것이므로 사람이 살아가는 방법을 스스로 알게끔 하는 것이다. 사람으로 태어난 것도 우연이며 동물로 태어난 것도 우연이다. 다만 인간이라는 우월한 틀에서 보기보다는 서로 수평적인 관계에서 선택권을 동물 스스로에게 주는 트레이닝 방법이 클리커 페어 트레이닝의 이념이다. 이런 방법을 통해 학습된 교육은 평생 지속이 가능해지고, 질이 좋은 생활로 사람과 살아가는 방법이 수월해지는 것이다.

이 글은 필자에게 보내온 글을 바탕으로 그와 유사한 문제 행동을 하는 고양이를 대상으로 한 교육 내용을 적은 글입니다.

천재견이 된 시장 좌판에서 입양한 산들이

일주일치의 생활용품을 구입하기 위해 금산 읍내에서 5일에 한번 서는 장날은 빠지지 않고 가는 편이다. 그런데 항상 생활용품보다는 어르신들이 데리고 나오는 동물에 더 관심이 많이 간다. 시골은 생계를 위해 동물을 내다 파는 게 익숙해져 있기 때문에 종종 집에서 번식한 동물을 데리고 나오는 걸 볼 수 있다.

토종닭, 오리, 거위는 물론 강아지, 고양이까지 바구니에 담아 나오신다. 대부분 원하는 교배에서 나오는 순종이 아닌 잡종의 강아지와 고양이들인 것이다.

2008년 5월, 이른 아침 일찍 장을 보러 가게 되었는데 입구에 검정색 리트리버 믹스로 보이는 강아지 5마리를 데리고 나와 파시는 할머니가 보였다. 전문가의 번식이 아니다 보니 아이들의 영양 상태는 떨어져 있었고, 분양하기엔 좀 이른 듯 보였다. 하지만 이날은 필요한 용품을 사기 위해 발길을 돌렸다. 한참 동안 시장을 돌아보고 생필품을 사고 돌아오는 길에 강아지를 파시던 할머니와 다시 만나게 되었는데 4마리는 벌써 분양이 되었고, 5마리 중 가장 약해 보이던 아이만 남아 있었다. 내가 관심을 보이자 할머니께서는 싸게 줄 테니 데려가라고 재차 권유하셨다.

시골 분들은 오랜 경험으로 강아지들의 건강 상태를 눈으로 보시고 판단하는 능력을 가지고들 계시기 때문에 시골 분들도 데려가지 않는 어린 강아지라면 건강 상태가 아주 안 좋은 것이란 걸 알 수 있다.

시골의 어르신들은 가축화된 동물들 즉 소, 돼지들은 동물병원에 데리고 다니며 치료를 해 주는 반면 반려견들은 집앞에 묶어 두고 집을 지키는 용도 또는 잔반을 처리하는 데 목적을 두기 때문에 병원비에 대해 인색하시다. 그런 이유로 아픈 강아지들이 입양되는 건 거의 있을 수 없는 일이다.

건강 상태가 안 좋아 보이는 리트리버 믹스를 그 누구도 입양을 할 수 없을 거란 생각이 들었다. 할머니께서는 5천 원만 주고 데리고 가라고 자꾸 권유하셨다. 입양을 하지 않으면 저 아이는 어떻게 될런지 뻔해 보이는 상황이라 집으로 데려 오기로 마음을 먹고 일단 동물병원에 들려 수의사의 의견을 들어 보기로 했다.

예상했던 대로 영양이 부족한 상태로 면역력이 떨어져 병균이 들어오면 목숨이 위험할 수도 있는 상태로 발전할 수 있다는 것이었다.

영양제의 투여와 예방 접종으로 해결할 수 있는 부분이라 마음은 놓였다. 그런데 이상하게 아이가 잘 움직이질 않았다. 한 달이 넘어서면 보통의 강아지들은 호기심을 충족하느라 여기저기를 탐색하는 게 기본인데 전혀 요동 없이 품안에만 있으려고 하고 떨어뜨려 세워보려 해도 그 자리에 풀썩 주저앉아 버리는 것이다. 순간 다리에 문제가 있겠구나 라는 생각이 들어 엑스레이를 찍어 보기로 했다. 아니나 다를까, 강아지의 뒷다리가 빠져있는 상태로 보였다. 다리가 아파서 설 수 없었을 것이고, 아파서 열이 나니 음식도 거부했을 것이고, 그로 인해 영양 상태도 부실했던 것이다. 아마 젖먹이 때 어미의 몸에 눌려서 빠진 것으로 유추되었다.

일단은 건강을 회복시키는 데 목표를 잡고 이름도 산들이라고 지어 줬다. 수컷치고는 좀 부드러운 이름이지만 산들이는 리트리버의 성향을 물려받은 탓인지 아팠을 텐데도 끙끙거리거나 보채는 일이 없이 사람을 잘 따르는 조용한 성품을 지니고 있었다. 원래 리브라도 리트리버는 캐나다가 원산지로 대형견에 속하는 사냥개이다. 인내심이 많고, 침착하며, 지능이 높고, 사회의 필요로 하는 곳에서 많은 활약을 하는 종으로 서술되어 있을 정도로 사람하고는 친숙한 반려견이다.

산들이는 믹스지만 리트리버의 성향과 행동을 그대로 물려받은 아이 같았다. 그래서 아픈 아이였지만 방안에만 두지 않고 마당에 나가서 호기심을 탐구하고 사람하고 살아가는 방법에 대한 눈높이 교육을 제공해 주었다. 특히 접종이 되어 있지 않은 상태이고 다리가 아팠기 때문에 병원을 다니면서 환경 풍부화 제공(차에 타는 것, 산책하며 사람을 만나는 것, 도로, 차 소리, 등)과 병원에서 바람직하게 행동하는 방법 등을 보상학습(P. R. T)인 클리커 페어 트레이닝을 통해 학습시켜 주었다. 두세 달 된 어린 강아지가 학습이 되냐고 반문할 수 있는 상황이지만 물론 학습이 된다. 어미에게 학습을 받는 것처럼 학습이 이루어지는데 나쁜 습관이 만들어지기 전이라 훨씬 효과는 크다고 보면 된다.

대부분의 보호자들은 어린 강아지를 입양하면 방 안에 고이 모셔 두고 아플까봐 노심초

사 애지중지하며 풍부화 제공을 제한하게 되는데, 아무리 가축화가 된 반려견이라 해도 사회화 시기(생후 8주 이내) 때 풍부화를 제공 받지 못하면 자란 후에 문제 행동을 하게 된다.

사회화란 아무것도 모르는 어린 시기에 대인, 대물, 대견, 소리 등에 대한 사람하고 살아가는 사회 적응력을 키워 주는 시기로 이 시기 때 형성된 기억은 평생 가는 것이므로 성격 형성에 중요한 시기인 것이다. 어릴 적부터 밖으로 데리고 다니며 사회 적응력을 키워 주며 사람하고 살아가는 방법을 알려 준다면 문제 행동을 일으키지 않을 것이며 문제 행동으로 인해 버려지는 유기견도 줄어들 것으로 보인다.

2010년 겨울, 산들이가 2살이 될 무렵 MBC 방송국의 『TV특종 놀라운 세상』에 「천재견 산들이」란 제목으로 방송을 탔다. 하지만 놀랄만하게 산들이가 말을 하거나 덧셈, 뺄셈을 하는 것은 아니다. 모든 반려견들도 가르치면 할 수 있는 가능한 행동들이었다. 보호자의 시간 투자와 반려견에 대한 공부, 그들의 학습 원리만 안다면 모두 가능한 일이다.

그전엔 대부분 다 자란 후에 문제 행동을 보이는 반려견을 가르치고, 문제 행동 수정에 전념하고 있었지만 산들이는 어릴 때부터 입양해 와서 두어 달부터 접종을 맞추러 다니며 사회화 시기 때 풍부화를 제공해 주었고, 학습 원리에 입각한 클리커 페어 트레이닝을 일찍부터 접했던 상황이라 소통이 잘 되었던 것(의도하는 것을 스스로 생각하고 판단하여 찾아서 함)이 천재견 소리를 들었던 이유인 것 같다.

클리커 페어 트레이닝은 단순한 훈련이 아니라 교육이다. 학습 원리의 기본은 고전적 조건화 이론인 파블로프의 개 실험에서 전부터 시작한다. 파블로프는 개의 실험을 통해 사료를 주던 제자가 나타나면 침을 흘리는 것을 관찰한 후 자율 신경계 반응 행동에 중점을 두고 실험을 하게 되는데 종소리를 들려 준 후 사료를 제공했더니 침을 흘리는 것과 불빛을 보여 주고 사료를 제공했더니 불빛에도 반응 행동(침을 흘리는)이 보이는 것을 근거로 고전적 조건화 이론을 만들어 내었다. 즉 어떤 소리, 불빛 등이 나타난 후 잇달아 나타나는 것에 대한 연관학습을 말하는데 잇달아 나타나는 것이 대상자에게 좋은 것(보상물)이면 좋은 연관학습을 하게 된다는 이론이다.

클리커 페어 트레이닝은 이 이론을 근거로 클리커란 소리 나는 교육 보조 도구를 사용하여 바람직한 행동 후에 클리커로 그 행동을 지정해 주고(클릭) 보상을 제공해서 바람직한 행동을 계속하게 만드는 방법(강화)이다.

그런데 왜? 말을 사용하지 않고 클리커를 쓸까? 라고 생각이 들게 되는데 그것은 반려견들은 비언어적 동물이기에 사람이 말을 해도 잘 모른다. 또 감정적인 동물이기에 말을 하는 것에 대해 흥분할 수 있기 때문이다. 흥분을 하게 되면 흥분 레벨 상태에 따라 생각을 멈추게 되는 상황이 만들어지므로 가급적 말을 삼가고 클리커(감정이 없는 중성자극)를 사용하면 된다. 그리고 중요한 것은 반려견을 생각하게 만들어야 되기 때문이다.

바람직한 행동이 만들어진 후에 그 행동에 맞는 말을 붙여 주어 행동과 말을 다시 연관학습을 하게 만들면 된다. 이렇게 교육을 받게 되면 말을 많이 하여도 반려견은 알아듣는 말만 걸러 듣게 되고 불필요한 말은 흘려버리는 반려견으로 성장한다.

또한 클리커 페어 트레이닝 속에는 행동주의 대표 심리학자 스키너의 조작적 조건화 이론이 있다. 그 이론은 행동에 중점을 둔 이론으로 행동을 선택적으로 증가시키거나 감소시킬 수 있다는 것이 핵심 이론이다.

배고픈 쥐를 스키너 상자에 넣고 레벨을 밟으면 쥐가 좋아하는 먹이가 떨어지는 장치를 두고 한 실험인데 배고픈 쥐가 먹이 냄새를 맡고 무작위로 돌아다니다 우연히 레벨을 밟게 되자 먹이가 떨어지는 원리를 학습하게 되므로 해서 먹이를 먹기 위해 레벨을 밟는 행동을 반복하는 것과 레벨을 밟아도 먹이가 떨어지지 않자 레벨 밟는 행동이 멈추게 되는 것을 두고 정립한 행동주의 심리학이론이다. 즉 보상(먹이) 받은 행동은 기억하고 반복하며 보상 받지 못한 행동은 감소(소거)된다는 게 기본이 되는 이론이다.

문제 행동도 반려견 스스로 보상을 받기 때문에 지속하는 것이므로 그 행동의 보상점을 찾아 없애 주면 스스로 그 행동을 소거 시키게 되어 문제 행동을 하지 않게 되는 것이다. 예를 들어 손님이 찾아 올 때 짖는 반려견이 있다. 보호자는 반려견이 짖을 때마다 제지

하기 위해 따라다니며 이름을 불러 안아 주거나 하는 행동을 한다면 짖음을 계속 지속시키는 원인은 보호자의 행동이다. 이럴 땐 보호자가(보상물) 사라지는 것이 더 효과적으로 짖음을 멈추게 할 수 있는 처방이다.

클리커 페어 트레이닝은 학술적이고 과학적인 이론을 바탕으로 반려견에게 보상학습(P. R. T.)을 제공함으로써 자신감을 심어 주는 인도적이고 효과적인 교육임에 틀림없다.
이러한 보상학습(P. R. T.)은 산들이를 스스로 생각하고 판단하는 천재 반려견으로 만들어 주었던 것이다. 0부터 9까지의 수를 분별할 수 있었으며, 손님이 찾아오면 냉장고에서 물을 가져다주는 기특함과 양말을 벗겨 주고 그 양말을 빨래 통에 넣어 주는 등으로 방송을 나간 것이다.
그 외 SBS 방송국의『TV동물농장』과 시각 장애 견 사랑이, 방송에서는 장애 견을 도와주는 도우미견으로 활약했다.

모든 반려견은 생각할 수 있는 지능을 가지고 있다. 하지만 3~5세 정도의 지능이다. 너무 의인화하여 기대가 높아지면 실망으로 이어져 스트레스로 서로의 신뢰 상실이 오고 또는 충분한 시간과 기회를 주지 않고 조급하게 대하는 행동은 반려견에게 무력감을 주게 되어 자신감이 없는 반려견으로 바뀌어 버린다.
오늘부터 반려견에 대해 알아보고 동물의 학습 원리를 공부 한다면 모두 천재견으로만들 수 있다고 생각한다. 반려견의 능력은 보호자가 하기 나름이다.

미국에 입양 가는 한국의 개들

이름 : 마이콜, 견종 : 푸들, 나이 : 모름, 성별 : 중성화

마이콜은 국내에서 유기되었고, 친구들에게 거칠게 대하는 행동(견들의 인사 행동을 못함) 과 배변을 못 가리는 행동으로 학교에 들어와 3개월가량 교육을 통해 바람직한 행동을 습관화한 뒤 미국 샌프란시스코에 사시는 분에게 입양된 아이다.

약 10년 전에 클리커 트레이닝 수업을 들으시던 한 약사 분이 계셨는데 지금 클리커 교 육을 받으면 어떤 문제가 있더라도 고쳐서 새롭게 생활이 가능하냐는 질문을 하였다. "물론 정신적 문제나 심한 트라우마가 아니면 특별한 관리가 없더라도 가능합니다"라 고 답해 드렸던 기억이 난다.

대단한 열정을 가지고 교육을 받으러 오셨고 주위 분들에게도 교육을 전파하는 걸 아끼 지 않으셨던 분이다. 그 분은 유기견들이 대부분 문제 행동을 하고 있는 것에 대한 염려 로 교육을 받으셨던 것이고 교육을 통해 버려지는 아이들에게 새로운 희망의 끈을 만들 어 주고 싶었던 것이다. 교육(트레이닝)을 통해 버려지는 아이들에게 희망을 주는 것도 당 연히 맞다. 그보다 더 중요한 것은 쉽게 포기하는 보호자가 없어야 되는 게 정답이다. 하 지만 여러 가지 이유에서 쉽게 포기하려한다.

어릴 때 작고 인형 같은 모습에 매료되어 입양을 했지만 점점 커가며 혐오스럽게 변하 거나 주체할 수 없을 정도의 행동 또는 배변 문제, 과도한 짖음, 무는 행동 등이 포기하 게 되는 원인이며 질병으로 인한 과도한 비용지출, 직장 생활로 인한 관리 시간 문제, 이 사, 결혼, 출산 및 육아 등으로 키울 수 없는 상황에서도 발생한다. 이 외에도 자기만의 이유로도 포기하는 일이 일어난다. 입양이 너무 쉽게 진행되고 포기 또한 쉽고 빠르게 진 행된다.

더불어 살아간다는 의미(가족 같은 존재)의 반려동물이란 말은 동물이 인간에게 주는 여 러 가지 혜택을 존중하여 사람의 장난감이 아니라는 뜻에서 애완동물(사람에게 즐거움을 주기 위해 키우는 동물)에서 변경된 용어이다.

사회가 발달되면서 물질이 풍요로워지는 반면 인간은 점점 자기중심적이고 고독해지지 만 동물들의 세계는 항상 천성 그대로이며 순수하다. 사람은 이런 동물과 접함으로써

사라져가는 인간 본연의 친밀감, 위안, 심리적 안정을 동물을 통해 얻을 수 있다고 생각해서 동물행동학자로 노벨상을 수상한 콘라드 로렌츠(Konrad Lorenz)의 80세 탄생일을 기념하기 위한 자리에서 개, 고양이, 새, 말 등에 대해 애완동물에서 반려동물이라 부르도록 제안하였다.

어떤 뜻에서 반려동물이라고 부르는지부터 되새겨 보고 입양을 고려해 보는 행동이 보호자가 할 일이라고 생각한다. 보호자는 반려동물이 어리고, 예쁘고, 인형 같고, 불쌍하다고 입양을 결정할 게 아니라 가족으로써 책임지고 관리가 가능할지에 대한 자기 질문이 선행되어야 할 것이고 그 방법은 어떻게 할 것인가를 고민 한 후 입양을 결정해야 한다. 입양은 새로운 가족이 만드는 일이며 그에 따른 책임이 더불어 온다는 것 역시 명심해야 할 것이다.

문제 행동을 수정할 때는 과거의 생활, 질병의 여부, 트라우마, 과거의 학습 과정, 개체별 특성과 기질, 습관 등을 고려해야 하는데 버려지는 유기견 아이들의 대부분은 과거의 생활은 알 수가 없다. 마이콜 역시 임시 보호자의 관찰 내용을 근거로 유추하고 추론 정리를 통해 교육하면서 정확한 문제 행동에 대한 원인을 찾고 원인에 대한 학습을 바로잡아 가는 걸 목표로 삼았다. 보통 훈련사들이 문제 행동 교정이라는 표현을 하는데 정확하게 말하자면 행동 수정이라는 표현이 맞다. 본래 태생부터 잘못 자란 것이 아니라 사람의 실수 혹은 잘못 알려 주어 실수한 것이기 때문이다. 문제 행동을 본능으로 보기보다 잘못된 학습으로 보는 게 옳다는 이야기다.

그래서 마이콜에게 잘못 학습된 부분을 찾아 다시 바르게 학습시킨다는 의미인 것이다. 사람과 살아가는 방법을 학습시킨다. 마이콜은 다른 강아지에 대해서 인사성이 없이 무조건 대들고 대소변을 구분 없이 아무 곳에나 싸는 것이 문제 행동이었다. 전형적인 펫샵 강아지다.
다른 강아지에게 인사성(처음 만날 때 인사하는 보디랭귀지)이 없다는 것은 부모에게서 배우지 못하고 자라났다는 것이고, 잠을 자고 음식을 먹던 곳에서 대소변을 보는 것은 제한된 공간에서 어린 시절을 보내며 학습되었다는 걸 말해 주기 때문이다.

반려견들은 행동학적으로 잠을 자던 곳이나 음식을 먹는 곳에서는 일을 보지 않기 때문이다. 그 행동은 과거 야생 시절부터 스스로를 보호하기 위해 자기 보금자리로부터 멀리 떨어진 곳에 일을 보는 습관이 유전적으로 몸에 시스템화 되어 있기 때문이다. 어릴 때는 어미가 배설을 유도해 먹어 치우는 행동, 걷기를 배운 후엔 어미를 따라 나가 어미가 일 보는 곳에서 배설을 하고 덮는 행동을 배우는 것 또한 생존 본능이다. 공간이 제한된 가정견이라 해도 많이 퇴화는 되었지만 가급적 잠을 자던 자리에서 멀리 떨어진 곳에 일을 보는 습관을 보면 알 수 있다.

마이콜은 펫샵에서 분양된 게 분명했다. 어린 시절 좁은 공간에서 사람에게 관리되다가 입양된 사례이다. 어릴수록 학습은 쉽게 만들어지고 몸에 익히게 되는데 입양자는 아마도 점점 커가며 거칠어지고 아무 곳에다 대소변을 보는 마이콜을 감당하기 어려웠을 것이다.

장난감처럼 진열해 놓고 반려견을 판매하는 펫샵도 문제다. 반려동물을 다루는 직업이라면 좀 더 스킬과 지식, 경험을 통해 어린 반려동물에게 존엄성을 가지고 풍부화 된 교육과 환경을 제공할 줄 알아야 된다고 본다.

아무런 정보나 자료 없이(관리, 학습과정) 작고 귀여울 때 입양해 인형처럼만 자랄 줄 알았는데 자라면서 비정상 행동과 수시로 실수하는 배변 문제로 골치 아픈 존재가 되었을 것이다.

아마 이러한 이유로 마이콜은 버려지는 아픔을 겪은 것이다. 어릴 적 어미에게서 보디랭귀지를 못 배웠다 하더라도 포기할일은 아니다. 사람에게 키워진 아이들의 장점은 관찰을 잘한다. 관찰학습은 캐나다의 심리학자 앨버트 반듀라(Albert Bandura)의 이론으로 모델의 행동을 관찰한 결과를 보고 행동이 변하는 걸 말한다. 사회적 학습이론의 형태를 적용한 관찰학습은 다른 사람이나 사물의 모델링을 통해서 정상 혹은 비정상적인 행동을 관찰함으로써 자극이 되어 이루어지는 학습을 말한다.

마이콜에겐 잘 배운 모델 성견 아이가 필요했다. 잘 배운 성견이 보상 받는 행동을 보고 배우게 할 계획을 세웠다. 직접 가르치는 방법보다 모방 학습을 시키는 것이 서로 스트레스 없이 바람직한 행동을 만드는 데 수월하기 때문이다.

익숙해지는 시간은 걸렸지만 경쟁심이 많은 마이콜은 스스로 어떻게 해야 보상에 접근할 수 있는지를 이해했고 행동이 바뀌었다. 또한 경쟁심이 많은 마이콜은 성견이 배설하는 행동도 따라하기 시작했다. 기특하게도 마이콜은 한 번에 두 가지 문제를 스스로 해결한 것이다.

반려견을 키울 때 한 번에 여러 아이를 입양해 키우기보다는 한 아이를 입양해 잘 가르친 후에 다른 아이를 입양하기를 권장한다. 잘 키워진 아이는 새로 입양한 아이의 모델이 되어 수월하게 가정 내의 규칙을 알려 주고 사람과 살아가는 방법을 제시해 줄 것이기 때문이다.

잘 배운 마이콜은 입양을 진행했지만 푸들이라고 하기엔 큰 덩치가 문제였고 유기견이란 꼬리표가 걸림돌이었다. 온라인에 입양 희망자를 구했지만 좀처럼 나타나지 않았다. 결국 국내 입양이 안 되는 다른 반려견들과 함께 미국행으로 입양을 진행했다. 다행스럽기도 하지만 부끄러운 현실이다. 국내에서 버려진 아이를 외국으로 보내 살게 한다는 게.

정확한 통계는 아니지만 한 달에 한 번 또는 두 번 씩 미국으로 아이들이 입양을 가는데 한 번에 10마리 정도라고 한다. 1년으로 볼 때 엄청난 숫자이다. 또한 국내 입양도 그보다 많은 아이들이 진행되고 있는데도 유기견은 줄어들지 않고 늘어만 가는 게 문제이다. 여러 단체에서 구조하고 입양을 진행하고 있는 상황인데도 한해 버려지는 유기견 수는 10만 마리에 이른다고 한다.

문제는 반려견 문화다. 반려동물이란 말을 하면서도 무책임하게 번식, 입양, 유기가 진행되고 있는 것이다. 반려동물에 대한 존엄성을 가지고 대하고 가르치고 관리하는 문화가 빨리 정착되기를 바란다.

반려견의 6번째 감각=sixth-sense?

2008년 9월에 있었던 집을 나간 지 3일 만에 돌아온 백구 모자의 이야기다. 2007년 무더웠던 여름 지인의 소개로 '맑음 언니'라는 분과 다온이(5살 추정 암컷), 강현이(1살 수컷) 라는 이름의 백구 모자의 호텔링(관리)을 권유 받으면서 부터다.

경기도 어느 재개발 지역에서 출퇴근하던 맑음 언니는 빈집에서 나는 아기 강아지 울음소리를 듣고 백구 모자가 살고 있는 것을 발견하게 되었다고 한다, 이사를 가면서 버리고 간 아이들로 추정된다고. 맑음 언니는 측은한 마음에 아침저녁으로 출퇴근을 하는 시간을 쪼개서 백구 모자를 보살피는 생활을 했다. 다 이사 가고 남은 빈집에서 모자의 생활은 평탄한 듯 보였는데 어느 날 퇴근 후에 가 보니 어린 백구는 묶여 있었고, 어미 백구는 얼굴에 상처가 난 채 사시나무 떨 듯 벌벌 떨고 있었다고 했다.

문제는 그 동네 마을버스 기사들이 지내는 사무실이 남아 있었는데 버스 기사들이 복날에 사용할 어미 백구를 잡기 위해 어린 백구를 묶어 놓고 기다린다는 것이다. 어미 백구는 새끼를 놓고 주위에서 지켜보다가 버스 기사들이 떠난 후 돌아와 어린 백구를 보살핀다는 것이다. 위험을 느낀 어미 백구는 하루 종일 아무도 모르게 숨어 있다가 믿음이 가는 맑음 언니가 오기만을 기다리고 있었던 것이다.
버스 기사들의 복날 사건으로 어미 백구에게는 사람에 대한 불신(두려움, 공포)이 커진 상황이었고, 맑음 언니와의 신뢰와 믿음은 더 굳건해지는 상황이 되었다.

미국의 행동주의 심리학자 존 B. 왓슨(John B. Watson)의 이론을 살펴보면 긍정적인 자극은 긍정적인 반응을 보이는 반면 부정적인 자극은 부정적 반응을 보인다고 서술되어 있다. 특히 알버트의 공포 조건 형성 실험에서 보면 아기 알버트 앞에 털 달린 동물이 나타날 때마다 공포스러운 굉음을 들려주었더니, 털 달린 동물이 나타날 때마다 경기를 일으키며 울음을 터트리고 피하는 행동을 하게 되었다. 더 나아가서는 실험 장소, 주변에 있었던 사물까지도 공포가 전이되었고. 심지어 솜뭉치까지도 공포가 전이되었다. 아주 무섭고 비윤리적인 실험이었고, 공포를 제거시키는 역조건 형성을 시키지 못한 아기 알버트는 실험의 부작용인지 어린 나이에 뇌수종으로 사망했다.

아기 알버트의 실험에서 보듯 어미 백구에게는 그 장소와 사람(버스 기사)에게 두려움과 공포가 만들어진 듯 보였고, 더 이상 백구 모자가 살고 있는 장소가 안전하지 않다고 판단을 하게 된 맑음 언니는 지인을 통해 백구 모자를 위한 편안한 안식처를 찾고 있었다. 맑음 언니는 금산에 백구 모자의 안식처를 만들어 주고, 이제까지의 고생과 마음의 상처를 잊고 좋은 일만 다 오라고 어미 백구에게 다온이란 이름과 아기 백구에겐 강현이란 이름을 지어 주었다.

두 마리의 백구에 대한 맑음 언니와의 사랑은 남달랐다. 보통은 유기견을 구조하면 처음 몇 달간은 자주 찾아오는 지속적인 관심을 보이다가 대부부의 사람들은 몇 달이 지나면 점점 등한시하는 경향이 있기 때문이다. 그런데 맑음 언니는 멀리 경기도에서 충남 금산까지 왕복 5~6시간이 걸리는 거리를 백구 모자를 보기 위해 매주 빠짐없이 찾아왔다.

특히 시간이나 요일을 정하고 오는 것이 아니라 시간이 날 때마다 매주 방문하였다. 그런데 오시는 날은 미리 알 수 있는 방법이 있었다. 그날은 다온이가 알려 주었는데 다온이가 집 밖에 나와서 맑음 언니가 오시는 방향을 주시하였기 때문이다.

평상시의 다온이의 행동은 밥 먹을 때와 대소변을 볼 때를 제외하곤 집 안에서 잘 나오지 않기 때문에 금방 알 수 있었다. 처음엔 우연이겠지라고 생각했는데 관심을 가지고 다온이의 행동을 보면서 우연이 아니란 걸 알 수 있었다.

맑음 언니가 오시기 꼭 두 시간 전에 미리 나와 맑음 언니가 걸어오는 방향으로 머리를 돌리고 기다리고 있다는 듯 우두커니 서 있는 행동을 반복했다. 맑음 언니에게 "선생님이 오시는 걸 미리 알 수 있어요~ 다온이가 알려줘요~"라고 말하자 신기하다며 본인도 버스를 탈 때 아이들 볼 생각에 들뜨는 기분이라고 연신 기특하다고 즐거움을 감추지 못했다.

맑음 언니의 지속적인 사랑과 관심이 다온이의 6번째 감각(직감)을 발달시키게 한 원동력은 아닐까 하는 생각이 들었다. 과학적인 이론을 가지고 반려견을 가르치는 입장에서 할 이야기는 아니지만 과학적으로 설명할 수 있는 입증이 없었던 상황이라 여섯 번째 감각 즉, 식스센스라고 표현했다.

다온이와 강현이, 맑음 언니의 만남은 매주 계속되었다. 항상 다온이는 맑음 언니가 오시는 날을 미리 알려 주었고, 그 만남이 1년쯤 될 무렵 강현이는 어미인 다온이보다 몸집이 두 배는 커졌고, 호기심 거리를 찾느라 항상 바쁘고, 귀찮아하는 엄마를 괴롭히는 여느 강아지와 같은 시절을 보내고 있었다.

사고의 발단은 고라니의 출현이었다. 집이 산과 인접해 있던 터라 간혹 고라니와 멧돼지가 나타나곤 하는데 고라니의 출현이 강현이의 호기심을 자극한 모양이었는지 덩치가 커진 강현이가 울타리를 훌쩍 넘어서 나간 것이었다. 바로 발견을 하고 강현이를 붙잡아 다시 울타리에 넘어 놓았는데 울타리를 나온 한 번의 학습이 잭팟(한 번의 큰 보상)으로 작용했는지 자주 울타리를 넘는 행동을 반복했다. 클리커 페어 트레이닝에서도 교육자가 의도한 것을 우연히 또는 의식적으로 맞추었을 때 반려동물이 좋아하는 보상물 중 가장 큰 보상물을 제공해서 그 행동을 강화 시키는 방법이 있다. (보상 받은 행동은 기억하고 반복함)

그런데 문제는 바로 앞이 도로와 인접해 있던 터라 강현이의 안전에 문제가 되었다. 그래서 잘 움직이지 않는 다온이도 운동시킬 겸 두 마리가 동시에 울타리를 넘지는 못할 것이라고 생각하고 강현이와 다온이를 같은 줄에 묶어 연결 시켜 놓는 방법을 택했다.

그런데 다음 날 아침 강현이와 다온이가 같이 사라진 것이다. 두 마리가 동시에 울타리를 넘지는 못할 것이라고 생각했던 것이 착오였다. 급히 경찰서와 소방서에 신고를 했고, 유기견 보호소에도 연락을 취해 만약을 대비했다.

맑음 언니에게도 연락을 취한 후 여기저기 수소문을 내며 다녀 보았지만 본 사람이 아무도 없었다. 그렇다면 산으로 올라갔을 확률이 가장 높은데, 큰 걱정은 두 마리가 같이 묶여 있어서 나뭇가지에 줄이 엉킨다면 돌아올 수도 없고, 누가 잡아갈 수도 있고, 만약 찾지 못하면 굶어 죽을 수도 있는 상황이었다. 더구나 멧돼지를 잡기 위해 산속엔 올무(새나 짐승을 잡기 위한 덫)를 설치한 곳이 많아서 그 올무에 걸린다면 빠져나오려다가 더 나쁜 상황이 될 수도 있었다.

늦은 저녁까지 산속을 찾아다녔지만 다온이와 강현이의 흔적은 찾을 수 없었다. 다음

날 아침 일찍부터 전단지를 만들고 온라인 사이트에 다온이와 강현이를 찾는 사진과 글을 올렸다. 그러곤 다시 주택가와 산속을 찾아다녔지만 어디에도 아이들의 모습은 찾을 수 없었고, 올무에 걸려 있을 것이란 불길한 생각만 들었다.

아이들이 나간 지 2일째 되는 날 저녁 맑음 언니가 다음 날 아침 8시에 도착하는 버스를 타고 내려오신다는 전화를 하였다. 만약 다온이가 살아 있다면 맑음 언니를 마중 나오는 예시 행동을 할 텐데 라는 생각을 하며 잠을 청했다.

그런데 다음 날 아침, 기적 같은 일이 벌어졌다. 새벽 6시쯤 개가 짖는 소리에 잠에서 깼다. 그 짖음의 진원은 다름 아닌 강현이와 다온이였다. 다온이는 마당에 와서 나를 깨우기라도 하듯 꼬리를 치며 크게 짖고 있었다. 다온이의 얼굴은 긁힌 상처와 발목은 심하게 패어 있었고, 줄은 풀려 있었다. 아마 강현를 따라 다니다 줄은 나뭇가지에 걸려 풀렸을 것이고, 이후 돌아다니다 올무에 걸려 돌아올 수 없었던 것이 분명했다. 다행인 건 올무가 발목에 걸려 입으로 풀고 나올 수 있었던 것이다. 올무를 풀려고 노력한 흔적은 입 주변 상처 자국이 말해 주었다. 지쳐 보이는 모습이었지만 얼굴은 미소를 띠며 돌아와서 기쁘다고 말하는 듯 보였다.

집에서도 다온이는 맑음 언니가 찾아오는 날 항상 행동으로 예시를 해주는 기특함을 보였는데, 집을 찾아온 것도 신기한 일이었지만, 올무에 묶인 상황에서도 올무를 풀고 맑음 언니가 도착하기 두시간 전에 집으로 돌아온 것이다. 다온이가 보여 준 이 놀라운 감각 능력은 어떤 말로도 설명이 불가능한 일이었다.

반려견을 키우시는 분이라면 한번쯤 반려견이 대단한 감각능력을 가지고 있다는 생각을 해 봤을 것이다. 종종 수백 킬로미터 떨어진 곳에서 집으로 찾아온 반려견에 대한 이야기나, 지진이 일어날 것을 미리 예측하는 반려견, 주인의 혈당이 떨어지는 것을 예측하는 도우미견, 기면증(수면마비) 환자에게 미리 알려 주는 도우미견을 통해서 그들의 감각능력을 확인해 볼 수 있다.

6번째 감각이 있다는 것에 대해서는 증명된 건 없지만 다온이가 보여 준 맑음 언니가 오시는 걸 예시한 건 사실이다. 우리가 아직 모르는 감각능력을 오감과 잘 결합을 해서 그들만의 능력으로 발휘하는 것 같다. 이와 같이 좋은 능력을 발휘하기 위해선 반려견의 감각을 자극시켜 주어야 한다. 감각을 자극해 주어 반려견의 지능이 개발되고 똑똑해지는 것이다. 만약 감각을 자극시켜 주지 않을 땐 스스로 보상 받는 행동을 하게 되는데(짖음, 파괴 행동, 땅 파기 등) 우리가 생각하는 문제 행동으로 나타나게 된다. 이러한 행동도 못하게 한다면 반려견들의 뇌는 발달되지 못하게 되기 때문에 보호자로써 반려견의 감각을 자극해 주는 것(놀이, 산책, 교육 등 대안 행동)이 매우 중요한 부분이라 하겠다.

맑음 언니와의 믿음이 바탕이 된 사랑과 관심이 다온이의 감각능력을 자극시켜 주었던 아닐까?

실험용 래트의 스트레스 행동

쥣과의 실험용 동물 래트(Rat)인 올라(1살 암컷)는 실험실에서 실험용으로 태어나 철장 안에서 실험용으로 키워져야만 했다. 하지만 실험실에서 아르바이트를 했던 학생의 올라에 대한 애정으로 다시 태어난 래트에 대한 이야기이다.

애완동물학을 전공하고 있는 몇 명의 학생들은 미래의 직장을 선택하기 위해 또는 학비를 보충하기 위해 학과 후 또는 주말을 활용하여 아르바이트를 한다. 대부분은 편의점과 같은 시간제가 용이한 곳에서 일하는 편이지만 미래의 직업을 맛보기하기 위해 동물과 관련된 곳에서 아르바이트를 하기도 하는데 실험용 동물을 사육하는 곳에서 시간제 아르바이트를 하게 된 한 학생이 있었다.

애완동물학을 전공하지 않더라도 동물을 사랑하는 사람들은 실험용이라고 색안경을 보고 대하지는 않는다. 다만 인간을 위해 희생을 하는 애틋함을 더 가지고 고맙게 생각하고 관리에 있어 소홀하지 않아야 한다.

이를 알고 있는 학생은 애정 어린 마음으로 래트를 돌보았다고 한다. 또 이 학생의 여린 감수성이 전달되었는지 이 학생이 출근하는 시간이 되면 래트는 문 앞에 나와 학생을 기다리고 있었고 빨리 자기에게 오라고 재촉하는 걸 목격했다고 한다.

이 상황을 두고 필자에게 상담을 요청해 왔었다. 실험용 래트가 자기를 무척 좋아하는데 그냥 두고 볼 수 없을 것 같다며, 그냥 두면 분명히 실험용으로 사용되다 죽을 것이라며 눈물을 글썽이며 상담의 목적을 얘기했다.

관리자 분께 말씀 드리고 입양 절차를 진행해도 될지란 물음에 래트란 실험용 쥐는 실험용으로 살아도 또는 입양해서 살아도 수명은 보통 2년 정도이고 장수하는 경우 5년 정도로 수명이 길지 않은 동물인 것은 알고 있냐고 되물었다.

짧은 수명 탓에 다시 마음 아파할 것(펫로스)을 염려해서 입양을 막아 보고자 한 것이다. 하지만 학생은 완고하게 마음 먹은 듯 그래도 5년 정도는 살게 할 수 있다며 긍정적인 대답을 했다. 한 마리의 래트가 분양된다고 실험에 지장을 주는 상황은 아니지만 절차가 필요한 상황을 아는 학생이라 허락을 받아야 일이 쉽게 풀린다는 것을 알고 행동하는 듯했다.

결국 절차를 밟고 래트를 입양 받은 학생은 올라란 이름을 지어 주고 같이 살게 되었다. 처음 입양을 해서는 집안에 풀어놓고 애지중지 하며 키웠다. 하지만 역시 올라는 쥣과의 래트였다. 특성상 어두운 곳을 좋아하여 옷장 밑에 정착지를 만들어 사는 통에 옷장 밑에서 대소변 보았고 학생이 집에 들어오면 나와서 먹을 것만 받아들고 다시 옷장 밑으로 들어 가 버리곤 하였다. 옷장 밑에는 올라의 대소변과 음식이 같은 장소에 보관되고 있던 것이다. 애완용으로 래트를 키워본 사람이라면 경험해 봤을 일이지만 매일매일 대소변을 치워 주지 않으면 악취 때문에 매우 힘든 경험을 하게 될 것은 자명한 사실이다.

키워 본 경험이 없었던 학생은 일주일에 한 번씩 옷장을 들어내는 일을 할 수밖에 없었던 것이다. 결국 힘든 옷장 청소로 인해 다시 철장에 가두어 키울 수밖에 없었던 상황이 되었다.

그리고 학생은 학교와 아르바이트를 병행하고 있던 상황이라 올라의 생활은 실험실에서의 생활하고 크게 다를 바 없었다. 하루 종일 철장에서 지내야 하고 고작 밥 줄 때만 볼 수 있을 정도의 생활로 실험용으로 사용되지 않는다는 것만 빼곤 다를 게 없는 생활이었다. 그렇다고 옷장 밑에서의 생활을 유지할 수 없었다.

그로 인해 올라는 같은 행동을 반복하는 정형행동으로 스트레스를 보여 주고 있었다. 정형행동이란 스트레스로 인해 같은 행동을 반복하는 것을 말하는데 동물원에 아무 일도 하지 않고 편하게 살고 있는 야생동물들에게서 볼 수 있는 행동으로 편한 생활 자체가 스트레스로 작용하여 스스로 스트레스를 풀고자 하는 행동이다. 즉 야생에서 살면서 해 오던 행동을 하지 못하기 때문에 오는 스트레스이다. 이런 행동은 반려견에게서도 나오는데 자기 발을 핥는 행동이나, 울타리에서 왔다 갔다 하는 행동들이다.

예기치 않은 행동에 학생은 또다시 울먹이며 상담을 요청해 왔다. 어떻게 하면 올라의 반복 행동을 없앨 수 있을까요? 철장에 살면서도 스트레스 받지 않고 생활을 질 좋게 만들어 줄 수는 없는 건가요?

래트 올라의 질 좋은 삶? '퀄리티 오브 라이프'는 사람들도 꿈꾸는 생활 아닐까? 하지만 애완동물이나 반려 동물의 삶의 질을 높이는 방법은 의외로 간단하다. 반려견에게 클리커 페어 트레이닝을 가르치는 목적도 삶의 가치를 높이기 위함이 중요한 목적 중에 하나이다. 사람의 욕심으로 곁에 두고 보는 것으로 애완동물을 가두어 키우는 경우가 많아진 탓으로 동물들의 스트레스를 전혀 배려하지 않고 키우는 경우를 종종 본다.

반려견들도 마찬가지이다. 시간이 없는 보호자들의 반려견들은 하루 종일 보호자만 기다리고 먹을 것만 먹는 무료한 생활이 오히려 반려견에게 우울증을 유발하는 스트레스인 것을 볼 때 클리커 페어 트레이닝은 동물 스스로 생각하고 판단하게 하며 어떠한 행동이 바람직한지를 알게 해 주고 사람과 교감할 수 있게 하기 때문에 반려견의 삶의 질을 높여 줄 수 있다.

동물원의 동물들도 스트레스 반응인 같은 행동을 반복하는 정형행동을 하게 될 때 풍부화 프로그램만 실시해도 정형행동이 사라지는 것을 볼 수 있는데 이 또한 클리커 페어 트레이닝의 발상이다.

풍부화 프로그램이란 야생동물이 사는 곳과 비슷한 환경을 조성해 준다거나, 비슷한 냄새를 제공하여 코를 사용하게 만들어 주어 정신적인 풍부화를 제공하는 것이다. 또는 사냥은 아니지만 머리를 사용하여 스스로 먹이를 찾아 먹게 하여 일을 하게 만드는 것으로 행동학적 풍부화를 통해 스트레스를 받는 일을 줄이고자 하는 프로그램을 말한다.

마찬가지로 올라의 경우도 클리커 페어 트레이닝으로 삶의 질을 높여 줄 수 있다. 매일 철장에 가두어 키우는 생활에서 사람하고 같이 할 수 있는 생활을 가르치면 된다.

행동 심리학자 스키너박사가 쥐 실험을 통해 증명하였듯이 래트도 지능이 있고 생각을 하며 자기에게 득이 되는 행동을 하는 동물이다. 행동주의 심리학 이론은 사람뿐 아니라 모든 유기체에게 똑같이 적용 가능한 이론이며, 이 같은 보상학습법으로 습득되어진 행동은 기억하고 반복하게 된다.

클리커 페어 트레이닝은 절대 동물에게 강요하지 않는다. 절대적으로 동물에게 선택권을 주고 하기 싫으면 하지 않아도 되는 것을 전제로 트레이닝을 하는 방법이다. 꼭 해야 되는 것은 아니라는 이야기다. 하지만 어느 쪽이 스스로에게 이득이 되는지는 동물 스스로 판단하고 행동해야 하는 것으로 이를 클리커로 마크해 주는 것이다.

간혹 온라인상에 올라오는 영상을 보면 간식으로 유도하거나 힌트를 주어 동물을 가르치는 것을 볼 수 있는데 간식을 보고 어떤 행동을 하는 것은, 사람의 예로 들면 돈을 줄 테니 심부름 해 달라고 하는 것과 같은 방법으로 주인과 종업원의 관계인 것이다. 즉 노예와 같은 방법으로 가르치고 있다는 결론으로 굳이 이런 행동은 클리커를 사용하지 않아도 되는 방법이며 클리커 페어 트레이닝이 아닌 것이다. 또한 클리커 페어 트레이닝의 이념은 동물과 사람이 공평한 상황에서 가르쳐야 한다는 것을 명심해야 한다.

물론 올라의 경우도 클리커 페어 트레이닝을 통해 학생과 교감하고 소통하는 법을 배웠다. 학생도 올라의 행동에 기뻐했고, 올라도 학생과의 교감에서 머리를 사용하며 스트레스를 줄여 정형행동을 하지 않고 학생이 없을 땐 적절한 숙면과 스트레스 없는 자기 생활을 하는 반려동물로 살고 있다.

클리커 페어 트레이닝을 통해 반려동물의 삶의 질도 높여 줄 수 있다는 걸 감안할 때 반려동물의 삶의 질은 물론 보호자의 삶의 질도 같이 상승효과를 볼 수 있다는 걸 기억하기 바란다.

인간 세상이 두려운 봉순이

봉순이는 암컷 유기견으로 유기견 보호단체에서 구조되어서 나이는 알 수 없는 포메라이언이다. 봉순이는 여러 사람들의 소개에 의해 필자에게 연락이 닿아 만나게 되었는데 11개월의 교육을 받고서야 변하기 시작한 아이다. 그토록 오랜 시간이 걸린 이유에 대해 얘기하려고 한다.

구조된 사연은 모르지만 구조 당시부터 봉순이는 무는 아이로 다들 꺼리는 상황에서 여러 사람 손을 거치며 서로 고쳐 보겠다고 봉순이를 억지로 붙잡고 강압적으로 봉순이를 대했던 것 같았다.

처음 봉순이를 대면한 것은 서울대학교 연구공원에서 일반인 교육차 강의를 하던 날이었다. 봉순이를 데리고 온 보호자는 보호소 보호 기간이 만료된 봉순이를 임시로 보호하며 데리고 있는 상황에서 무는 행동을 고쳐 보려고 여러 사람들에게 의뢰를 해 보았지만 고쳐지지가 않아 입양을 보내기가 어려워졌고, 임시 보호하던 본인도 두려워서 같이 있을 수 없다고 말하며, 다시 보호소로 돌아가면 분명 안락사를 당할 것이라며 봉순이를 제발 고쳐 달라고 했다.

임시 보호하고 있던 보호자는 봉순이를 이동해 오는 날에도 이동장에도 넣을 수가 없었다고 하며 이 아이를 살리고 싶은데 어찌하면 좋을지 한숨을 내쉬며 봉순이를 제발 고쳐 달라고 하소연하였다. 필자를 처음 본 봉순이의 눈에는 두려움이 가득했고, 금방이라도 달려들 기세로 필자를 쳐다보았던 기억이 난다.

보호자의 말에 의하면 봉순이는 퇴근 후 돌아온 보호자에게는 잘 안기는 편이었지만 보호자가 먼저 스킨십을 하려하면 달려들어 무는 행동을 하였고, 미용, 목욕 등 어떤 이유에서든 사람이 먼저 손을 대려 하면 무는 행동을 한다고 했다.

봉순이의 무는 행동을 여러 지인들에게 도움을 요청해 보았지만 다들 그만 포기하고 있는 아이만 잘 키우라고 하여 마음이 더 아팠다고 했다. 그러던 차에 어느 애견카페에서 봉순이와 같은 아이를 고쳐 본 경험이 있다고 하여 지푸라기라도 잡을 심정으로 찾아갔다고 한다.

그러나 결과는 너무 강압적으로 봉순이를 다루어 생똥을 누게 되는 상황에 차마 볼 수 없어서 다시 데리고 왔다고 했다. 그 뒤로 봉순이의 행동은 더 악화되었고, 그날 이동장으로 이동한 탓에 절대 이동장엔 들어가지 않게 됐다.

사람에게 불신이 있던 봉순이는 이날 이후 더 큰 불신으로 사람을 보게 되었던 것이다. 더 큰 불신은 산책 가기도 두려워하는 아이로 바뀌어 줄을 매는 자체도 거부하고, 사람이 다가오는 자체도 거부하는 혼자 지내는 외톨이가 된 것이다.

반려견은 스스로 인간과 함께 살기를 원해서 인간 세계를 선택했지만 인간의 잘못된 행동 때문에 인간을 거부하는 반려견을 만들어 낸 것이다. 코핑거 박사 부부가 저서에서 말하는 혹독한 학대를 받지 않는 이상 반려견은 사람을 절대 무는 행동을 하지 않는다는 전제가 맞는 상황이 실제로 벌어진 것이다. 그만큼 봉순이에게는 혹독한 상황이었다고 볼 수 있다.

당시 궁지에 몰려 있었던 봉순이가 할 수 있는 행동은 도망가는 것이었지만 강압적으로 붙잡혀 있는 상황에서는 무기력하게 당할 수밖에 없었다. 그런 뒤 봉순이는 다음부터는 사람들 손에 잡히면 안 되는구나! 라고 여기고 그리고 잡히지 않기 위해서는 최선을 다해 도망치거나, 도망칠 수 없을 때는 달려들어 물어야 된다고 다짐했을 것이다. 사람은 믿어서는 안 되는 존재이고, 특히 사람의 손이란 존재는 무서운 거라고 생각했을 것이다.

반려견이 사람을 불편하게 만드는 행동을 우리는 문제 행동이라고 표현하는데, 우리의 기준에서 불편하기 때문에 문제 행동인 것이지 반려견의 입장에서는 우리와 소통하려는 표현이라는 것을 알아야 한다. 반려견이 무는 행동을 하기 전에는 반드시 다가오지 말라는, 또는 지금 상황이 불편해 라고 보디랭귀지를 보낸다. 그 보디랭귀지가 무시당했을 때 무는 행동을 하는 것이다. 그리고 보디랭귀지를 보내는 원인에 대해 생각해서 배려하며 치료해 나가야 한다.

반려견이 문다는 것은 더 이상 참을 수 없는 상황에 직면했다는 것인데 그때 못하게 한다고 문제 행동이 고쳐지는 게 아니다. 다만 못하게 막은 것이라고 생각하면 된다. 감기에 걸렸다고 의사가 해열제를 처방해서 열을 내릴 수 있지만, 근본적으로 감기와 싸워서 이기는 방법은 아닌 것처럼 감기를 낫게 할 수 없고, 다시 재발할 여지를 두고 있는 것 같이 못 하게 하는 것은 대처 방법이지 근본 치료가 아니라는 말이다.

반려견들이 일반적으로 무는 행동을 하는 이유는 크게 두 가지로 분류할 수 있다. 하나는 사냥을 할 때 무는 행동을 한다. 다른 하나는 두려운 상대로부터 스스로를 방어하기 위해 무는 행동을 한다.

그렇다면 봉순이의 무는 행동은 사람을 사냥하기 위한 무는 행동일까? 절대 아니다. 봉순이는 스스로를 방어하기 위해 사람에게 무는 행동을 한 것이다. 그렇다면 봉순이는 무엇으로부터 방어를 하려고 한 것일까? 첫 번째는 사람이란 존재이고 두 번째는 사람의 손이 두려움으로 작용했던 탓이다. 사람이 분명히 밥을 주고 간식을 주고 했을 것인데, 그리고 손으로 제공했을 것이 분명 한데 왜? 사람과 손을 두려워했을 것인가를 알아야 한다. 봉순이는 사람에 의해 그리고 손에 의해 붙잡혔고, 강압적인 상황에 몰렸기 때문에 불신이 만들어 것이다.

그런데 일반적으로 반려견들은 사람이나 사람의 손에 대해 두 가지의 감정을 가지고 살고 있다. 특히 손이란 물체는 항상 두 가지 감정을 가진다. 손으로 먹을 것을 주고, 스킨십을 해 주는 것으로 좋은 감정도 만들어지지만, 손으로 붙잡고 싫어하는 발톱을 깎기도 하며, 손으로 주사를 놓기도 하면서 손에 대한 나쁜 감정도 만들어진다. 특히 손바닥에 더욱 나쁜 감정이 만들어진다. 하지만 손등엔 절대 나쁜 감정이 만들어지지 않는다. 그 이유는 손등으로는 아무 것도 할 수 없다는 것을 반려견들은 이미 알고 있기 때문이다. 그래서 낯선 반려견을 만날 때는 손등을 내밀어 반려견의 의도를 알아보는 것이다. 손등을 내밀었을 때 다가오는 반려견은 우호적이 감정 상태인 것이고 고개를 돌리거나 눈을 피하는 반려견은 다가오지 말라는 보디랭귀지로 이해하면 된다.

그리고 싫어하는 것을 좋아하게 만든다고 먹을 것을 제공하는데 그런다고 감정이 좋아지게 바뀌지는 않는다는 걸 우리는 알아야 한다. 행동주의 학자 스키너의 쥐 실험에서 보면 스키너 상자에 전기 장치를 해 놓고 음식을 제공하는 실험에서 전기 통증을 경험한 쥐는 제공된 음식은 거부하지 않고 먹는 행동을 보았을 때 상자 자체는 두렵지만 그 곳에서 음식을 제공 받았다고 상자를 좋아하게 되지는 않는다고 설명하고 있다. 통증과 음식은 같은 시스템에 있지 않기 때문이다.

클리커 페어 트레이닝은 정확한 이론을 알고 있다면 야생의 동물도 가르칠 수 있다. 그 야생동물이라도 안전이 확보된 공간만 확보해 준다면 아무 문제없이 진행할 수 있다는 말이다. 즉 사람과의 신뢰가 없는 봉순이도 같은 방법으로 진행하면 된다. 특히 봉순이를 치료하기 위해서는 봉순이가 원하는 것을 알고 있으면 시간은 걸리지만 쉽게 진행을 할 수 있다. 사람에 대한 두려움을 가지고 사람이 눈앞에 보이는 자체가 싫은 봉순이에게 어떻게 하면 사람을 좋아 하게 만들 수 있을까?

진정 동물을 배려한다면 알아차릴 수 있는데 그것은 사람이 사라져 주는 것이다. 작은 보디랭귀지에 사람이 사라져 주는 것을 알려 주어 물기 직전의 보디랭귀지가 전달이 되고 있다는 것을 알려 주어야 한다.

자신의 보디랭귀지가 통하자 봉순이는 점점 가까운 거리로 사람을 받아들이기 시작했고, 손으로 주는 음식을 받아먹으며 자발적으로 사람에게 다가와 스킨십을 하기 시작했다. 사람의 손은 두려운 존재가 아니라는 걸 핸드 터치를 활용해 알게 해 주었다.

반려견들의 문제 행동 중 하나는 소통의 단절에서도 오기 시작하는데 요구하는 바가 받아들여지지 않고 무시당할 때 나타난다. 그래서 봉순이가 다가오지 말라는 보디랭귀지에 무시하지 않고 사라져 준 것이 효과를 본 것이다. 서로 소통을 하며 거리를 순차적으로 좁혀 나간 것이다.

보통 트레이닝 시 으르렁거릴 때 사라지면 으르렁거리는 행동을 가르치는 것 아닌가?란 생각을 할 수 있는데 봉순이는 소통이 일방적으로 막힌 상황에서 무는 행동을 한 것이기 때문에 봉순이의 생각을 들어 가며 치료를 진행한 것이다. 봉순이 가 좋아하는 행동을 보여주는 것 차제도 긍정적 강화에 속한다는 말이다. 만약 봉순이의 요구를 무시하고 진행하였다면 더욱 큰 불신으로 아마 문제 행동을 치료하지 못했을 지도 모른다. 인도적 트레이너는 반려견이 바라는 것이 무엇인지 헤아릴 줄 알아야 한다.

무지개다리를 넘은 산들이(펫로스)

~~~

2013년 1월, 7년 동안 동고동락하며 같이 살던 7살의 천재견 산들이를 무지개다리 너머로 보낸 후 산들이의 빈자리로 인한 우울증이 온 적이 있다. 펫로스 증후군에 대해 강의도 다닐 만큼 언젠간 산들이도 저세상으로 떠날 것이라는 마음의 준비도 되어 있었지만, 갑작스럽게 찾아온 산들이와의 이별이라는 현실은 쉽게 해결될 수 없는 부분이었다.

매일 아침 산들의 배변을 위한 산책으로 하루를 시작하던 터라 눈을 뜨자마자 처음 하는 일은 산들이와의 아침인사였다. 잠을 잘 잤는지? 몸 상태는 괜찮은지? 산책을 하면서 변 상태와 움직임을 보며 건강 체크를 하고 다시 집으로 돌아오는 것으로 하루를 시작하는 것이다.
산들이는 아침에 두 번의 배변 행동과 세 번의 배뇨 행동을 하며 전력 질주를 5번 가량한 후 나에게 다가와 같이 놀자는 표현을 한다. 이때는 내 할 일은 다했으니 운동을 하자는 표현으로 생각되어 원반으로 운동을 마무리하곤 했다.
7년 동안 비가 많이 오는 날을 제외하고는 매일 같이 해온 행동이라 어디서는 달리고 어느 장소에서는 배변, 어느 장소에서는 배뇨를 하는지도 알 수 있을 정도였다. 그때마다의 보디랭귀지도 알고 있기 때문에 산들이가 컨디션이 좋은지 안 좋은지를 알 수 있었다.

산들이가 몸 상태가 안 좋을 때는 집에서 나오지도 않고 우울한 눈빛을 하며, 한숨을 쉬며 눈인사를 마지못해 하곤 다시 엎드리거나 고개를 돌리는 행동을 한다. 이런 상황일 땐 산들이의 코를 먼저 만져 보며 열이 있는지를 체크해 보고(열이 있으면 코가 말라 있다. 하지만 자고 난 직후에도 코가 말라 있을 수 있다.) 눈곱이 있는지를 확인하여(눈곱이 많이 끼여 있는 상태도 열이 많이 나는 증상이므로 꼭 내원을 해보아야 한다. 특이 열이 많이 날 때는 보통의 반려견들은 식사를 거부하므로 빠른 조치를 취해야 한다.) 건강 상태를 확인하고는 산책을 유도해 나간다. 왜냐하면 가끔 산들이는 아픈 척 연기를 하는 경우도 있기 때문에 꼭 체크를 해 보는 편이다.

항상 하루 종일 한몸처럼 지내다가 결혼식 행사에 참석하느라 산들이를 혼자 두고 다녀온 후 아픈 듯한 행동을 보여 안쓰러운 마음에 소고기를 제공해 준 후로는 혼자 두고 외출한 다음에는 아픈 연기를 하기 시작해 진짜 아픈 것인지 연기인지 확인해 보는 습관이 생겼다.

행동 형성 이론대론 학습된 것이다.

계기 : 혼자 두고 외출

행동 : 아픈 척 연기

결과 : 소고기 급여

로 항상 혼자 외출하면 아픈 척 연기를 하는 산들이가 되었다. (A>B<C)

이런 생활의 익숙해져서인지 산들이가 없는 빈자리는 할 일 없는 무직자처럼 무력감이 마음과 몸으로 파고들어 오는 것을 느낄 수 있었다. 아무 것도 할 수 없는 무력감이 우울하게 만들었고 슬프게 만들어 사람을 만나는 자체도 기피하게 하는 증상으로 발전되었고, 지인들과의 연락이 두절되기도 하여 걱정을 끼쳐 드리는 상황으로 발전 되었다.

무력한 생활을 반복하던 4월 어느 날, 조그만 항아리를 든 지인이 눈이 부은 상태로 울면서 찾아왔다. 13년 동안 키우던 반려견 시츄 희망이가 명을 달리해, 키우던 반려견의 수목장을 할 수 있는 장소를 알아봐 달라는 것이었다.

너무나 서럽게 우시는 바람에 산들이 생각에 같이 눈물을 흘리며 서로의 반려견에 대한 이야기를 하게 되었는데, 한 시간 가량 지난 뒤 마음 한편이 홀가분해지는 것을 느낄 수 있었다. 둘이서 서로의 반려견에 대한 이야기로 슬픔을 나누는 시간이 자연스럽게 만들어진 것 같았다.

슬픔을 나누는 동안엔 행복이 보호자의 위로보다 산들이의 이야기를 하며 스스로를 위로하는 시간이 진행되었던 느낌이다. 산들이의 입양, 산들이의 클리커 페어 트레이닝 교육, 동물 매개 치료 활동, 방송 활동 등 산들이의 자랑을 실틈없이 늘어놓은 것이 마음의 편안함을 가져다 준 듯했다. 산들이와의 이별을 충분이 슬퍼했고, 그 슬픔을 행복이의 보호자와 함께 나누는 시간을 만들었던 것이다.

그동안 산들이의 죽음에 대해 인정하고 극복하기 위한 행동보다는 어쩌지? 란 막연한 생각으로 제대로 된 생활을 하지 못하고 지내 온 것이었다.

펫로스증후군으로 힘들어 하는 보호자를 위로하기보다 스스로를 치료했던 것이다. 펫로스 증후군은 키우던 반려동물과 이별하면서 생기는 슬픔으로 인한 우울증과 무기력, 불면증과 함께 대인기피 현상 등으로 나타나는 정신적 고통을 말한다. 하지만 동물을 키우지 않는 사람들은 대부분 그깟 동물이 뭐라고 슬퍼하느냐! 라고 말할 수 있지만, 반려인에겐 가족처럼 여기고 교감하는 동물은 가족을 잃은 고통만큼 큰 아픔으로 다가온다. 특히 보호해 주고, 아끼고 사랑해 주던 가족을 잃었을 땐 더 슬프듯이 아끼고 사랑하며 보호해 주던 동물을 잃었을 때 오는 슬픔은 더 크다고 할 수 있다.

사람보다 수명이 짧은 산들이를 언제가는 먼저 보내야 한다는 생각을 가지고 마음의 준비를 하고 살아왔지만 정작 산들이와의 이별 후 찾아온 우울증은 제대로 된 생활을 할 수 없게 만들었다. 마음의 준비도 하고 있었고, 펫로스에 대한 강의를 할 만큼 이겨내는 방법에 대해 알고 있는 사람도 일이 닥쳐 보니 혼자서 견디기 힘든 상황이란 걸 알 수 있었다.

우연이지만 같은 아픔을 나눌 수 있는 희망이의 보호자와의 한 시간 가량의 대화가 우울증에서 완화가 될 수 있었던 것처럼 감추지 말고 이야기를 풀어놓아 잃은 슬픔보다 인정하는 자세가 펫로스를 이겨 내는 방법이다.

희망이 보호자와의 대화로 마음이 안정될 무렵 희망이 보호자를 위한 대화로 이끌어갔다. 희망이는 13살의 암컷 시츄로 대학 졸업할 때 친한 친구가 선물로 입양을 권유한 아이로, 한 번의 출산 경험으로 아파하던 희망이가 안쓰러워 중성화 수술을 한 경유도 알게 되었다. 출산으로 희망이의 아기들이 어디에 살고 있으며 가끔 산책로에서도 우연한 만남을 하게 되는데 희망이는 알아보는데 아기였던 이들이 커가며 희망이를 몰라본다는 이야기까지 듣게 되었다. 어떻게 자식들이 어미를 몰라보냐며 흥분 섞인 표정으로 이야기해 가면서 점점 울음을 멈추고 진진하게 이야기하시는 모습이 마음의 안정을 찾아가는 듯해 보였다.

반려견은 젖을 뗄 무렵 독립하여 하나의 독립된 개체를 이루는 습성을 유전적으로 가지고 있기 때문에 어미를 알아 볼 수 없다. 그래서 어미와 자식 간의 교배가 일어나는 것을 볼 수 있는 것이라는 설명에 고개를 끄덕이며 그 아이들을 보면 조금 위안이 될 것 같다며 스스로를 치유하는 모습도 보였다.

그러곤 희망이가 개로 태어나 못 먹게 하는 음식이 많아 안타까웠다며 다음에 사람으로 태어나면 맛있는 거 많이 먹고, 오래 오래 안 아프고 살았으면 좋겠어요! 라며 희망이의 죽음을 인정하는 모습도 보였다.

반려동물을 키우는 모든 반려인은 언젠가는 반려동물과의 이별을 경험하게 되는데 슬픔에 빠져 있기보다 이겨 낼 방법을 찾아 노력하여야 한다. 우선적으로 함께 슬픔을 나눌 수 있는 사람과 대화를 통해 감정을 나누고 이별을 인정해야 한다. 그리고 먼저 간 반려동물을 찍어 둔 사진으로 앨범을 만들어 놓고 본다거나 액자를 만들어 두며 기리는 것도 좋은 위안이 될 것이다. 또는 나무를 심어 육체는 떠나갔지만 영혼은 나무에 항상 있다는 마음으로 나무에 같은 이름으로 붙여 주어 기리는 방법도 있다.

마지막 방법으로는 다른 반려동물을 기르는 방법이 있는데, 다른 반려동물을 입양하여 새로운 애착 형성을 만드는 과정이 이별에 대한 치유에도 도움이 된다. 하지만 어린아이가 있는 집에서는 주의해야 할 사항이다. 왜냐하면 생명체를 잃은 후 슬픔을 추스르기도 전에 바로 다른 생명을 돈으로 구할 수 있다는 걸 배우게 되면 죽음이나 생명을 가치 없게 받아들일 수 있기 때문이다.

희망이와의 이별을 인정하는 모습도 보였고, 스스로를 위안하기 위한 마음가짐도 보이며 희망이를 기리는 방법을 찾아보자고 제안을 하였다. 원하는 방법은 희망이를 위한 나무를 심어 희망이가 보고 싶거나 생각 날 때마다 와서 보고 싶다는 것이다. 즉 희망이를 위한 영혼 나무를 심고 싶다는 거였고, 그 장소를 물색해 달라는 부탁을 하기 위해 방문을 하셨던 거였다. 필자가 산들이와의 이별에 대한 슬픔에 잠겨 우울해 있을 때 희망이 보호자는 스스로 이겨 내기 위한 방법을 찾아 진행하고 있는 중이었다.

그동안 산들이의 영혼 나무(수목장)를 생각하지 못하고, 바보 같은 무기력한 행동을 한 것이 부끄러웠지만, 희망이 보호자 방문에 감사하는 뜻으로 희망이의 영혼 나무를 산들이의 곁에 만들어 주었다.

PART 05

반려동물을
입양하기 전에
(입양자 사전 교육)

반려동물 1000만 시대라고 하지만 매해 버려지는 유기견의 수 역시 10만 마리가 넘는다. 고민이나 준비 없이 쉽게 들이다 보니, 쉽게 유기하는 사람들 역시 적지 않다. 그렇기 때문에 더욱 중요한 것이 입양자 사전 교육이다. 반려동물을 입양했을 때 발생할 수 있는 일들과 비용에 대해 미리 알아두면 입양이 더욱 신중해지고, 입양한 뒤에도 큰 무리없이 가족이 될 수 있을 것이다. 애완동물의 구매가 아닌, 반려동물의 입양이라는 것을 잊지 말자.

Chapter 01

반려동물을 입양하면 생길 일들

· · ·

혼자 지내는 생활이 외롭다거나, 텔레비전이나 여러 매체에서 본 유기견이 불쌍하거나,

아이가 원한다든가 등 여러 가지 이유들로 반려동물을 입양하려고 한다.

하지만 다들 반려동물을 왜 입양해야 하는지만 생각하고

입양한 후 생길 일들에 대해서는 깊게 고려하지 않는다.

그렇기 때문에 예상 밖의 문제나 지출 등이 생겼을 때 쉽게 파양을 한다.

입양 전 사전 교육이 필요한 이유

이 책을 쓴 이유는 반려견을 키우기로 결정을 하였다면 이 책을 읽어 본 후 한 번 더 생각하는 기회를 만들었으면 하는 취지에서다. 이유는 반려견은 인형이나 장난감과 같은 생명이 없는 물건이 아니라 숨을 쉬고, 생각하며 사람에게 관심 받고 싶어 하는 하나의 생명체라는 인식을 하고, 책임감을 가지고 대해야 한다는 것이다. 그것도 생명이 다하는 날까지……

여러 가지의 이유로 반려견을 키우는 사람들이 늘어나고 있지만 그와 비슷하게 유기견도 증가하고 있는 현실이다. 유기견이 증가하는 이유 중 하나는 반려견을 무작정 입양하고 아무런 사전 지식 없이 말하면 알아듣겠지 라는 생각으로 반려견을 대하고 그 결과로 짖는, 무는, 배변을 못 가리는, 민폐를 끼치는 반려견으로 성장하게 만든다. 또 이렇게 감당할 수 없는 지경이 되어서야 수습하려다 보니 과도한 비용 지출, 또는 문제 행동에 의한 스트레스로 인해 유기시키는 상황에 이르게 되는 게 현실이다. 그리고 지나치게 순종만 고집하거나 작고 귀여운 반려견만 찾다 보니 다 자란 후에 변한 외모 또는 유전적인 질병에 의한 병원 비용 부담 등도 유기에 한몫을 하고 있다.

특히 요즘 종종 발생하는 무는 행동 문제 때문에 반려견을 궁지에 내몰리게 할 수도 있다. 어떤 반려견이든지 무는 행동을 나올 수 있다는 걸 미리 알고 대처한다면 우리의 반려견들이 궁지에 몰리지 않을 것이다.

반려견을 키우게 되면서 일어나게 될 상황을 미리 알아보고 대처할 수 있거나 감당할 수 있다면 반려견을 키우는 것이 반려견을 키우는 보호자로서 기쁨이 두 배로 커질 것이며 반려견과의 생활은 질 좋은 행복한 생활로 이어질 것이다.

반려견들은 집단생활을 하는 동물이다.

반려견들은 기본적으로 집단생활을 하는 사회적 동물이라 혼자 살아가는 생활은 적응하기가 쉽지 않다. 개들끼리만의 문제가 아니라 사람과 개가 사회적 집단을 만들어 살아가는 것을 말한다. 특히 혼자 사는 사람이 반려견을 입양하면 반려견이 매우 불행한 생활을 하게 될 수 있다는 것을 알아두자. 특히 직장을 다니거나 하루 종일 집을 비워 두는 일을 한다면 말이다.

▲ 사람의 부재로 외로움을 타는 개들

반려견도 병에 걸린다.

병원비가 많이 들어간다는 것을 알아두자. 태어나서 죽을 때까지(약 15년 기준) 들어가는 병원비가 예방접종부터 시작해 보통 1,000만 원 정도 라고 한다. '밥 (사료)만 잘 주면 건강하게 자라겠지'라는 생각은 버려야 한다. 예로부터 농장 (닭) 입구에 개들을 묶어 놓은 이유는 농장으로 들어오는 병균을 개를 통해 알기 위해서 라고 한다. 개들은 면역력이 약해 농장에 병균이 들어오면 바로 표시가 난다고 한다. 그래서 개들의 건강 상태를 보고 농장의 동물들에게 대비를

할 수 있었다고 한다. 그만큼 병에 약한 동물이기 때문에 예방접종이 필수이
며, 다른 질병에도 쉽게 걸릴 수 있다.

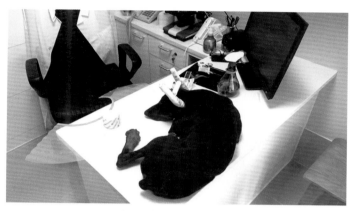

▲ 병원에서 치료 받는 개들

반려견도 밥을 먹는다.

물론 반려견도 살기 위해 밥(사료)을 먹는다. 그런데 사료 값만 들어가는 것이
아니라 사료 이외의 음식 즉 간식비도 부가적으로 들어간다. 사람도 밥 이외의
음식을 먹으며 기분을 전환하기도 하고, 스트레스도 풀고 여러 가지 음식을 접

하며 삶의 질을 높여가는 것과 마찬가지이다.

요즘은 여러 영양소가 균형적인 사료가 많이 나오고 있고, 가격 역시 천차만별이다. 사료 회사마다 우리 사료가 가장 좋다고 주장하고 있지만 검증된 회사는 없다고 생각한다. 왜냐하면 개들의 내장 구조는 80%가 육식이기 때문이다. 즉, 생고기가 가장 잘 맞는다는 이야기이다. 하지만 비용 부담 때문에 생식을 계속하기는 쉽지 않다. 그래서 저마다 반려견이 선호하는 사료를 구입해 먹이는 것이 현실이다. 보통 사료의 가격은 1.2Kg 기준으로 15,000 ~ 25,000원 정도의 소포장과 20Kg의 대포장 사료가 있다. 1.2Kg 사료 가격만 보아도 사람의 주식인 쌀보다 비싼 상황이다.

▲ 사료 먹는 개들

반려견들은 배설을 한다.

물론 먹었으니 배설을 하는 건 당연하다. 특히 어린 강아지 시기일 때는 하루에 대여섯 번까지도 한다. 대형 견종일 경우 한 번에 다 큰 어른만큼 배설을 하고, 소변도 비슷하다고 보면 된다. 그리고 실내에서 키울 경우 배변판을 구입해야 하는데, 대소변을 보게 되면 냄새가 나서 자주 세척을 해 주어야 한다. 세척이 귀찮을 경우엔 한 번 쓰고 버리는 배변 패드를 사용할 수도 있다. 배변판이나 배변 패드는 적은 돈으로 해결될 수 있지만 가장 중요한 것은 배변을 아무 곳에다 볼 수도 있다는 것이다. 화장실이 아닌 곳에서의 배변 행동으로 인해 몇 백이 넘게 들여 나무로 깔아 둔 거실 바닥을 교체한다거나 소파를 바꿔야 하는 상황이 발생할 수도 있다.

▲ 배변하는 개들

개 특유의 행동을 한다.

사람은 언어적 동물이라 원하는 것을 말로 표현할 수 있지만 반려견의 경우엔 상황에 따라 짖거나 무는 행동을 통해 원하는 바를 해결하고자 하는 특성을 가지고 있다. 특히 입양 온 처음 일주일 동안 사람과의 각별한 유대 관계가 만들어지면 하루 종일 짖는 행동을 할 수도 있고, 불안한 감정을 가지고 있을 경우엔 밤마다 짖어서 보호자를 잠 못 들게 할 수도 있다. 특히 무는 행동은 반려견이 가지고 있는 당연한 행동이다. 사람은 손이 있어 낯선 물체를 무엇인지 손으로 확인을 하지만, 반려견들은 입으로 물어 보고 확인해 보는 경향이 많다. 그리고 어린 강아지일 때는 특히나 입으로 확인해 보는 경향이 강해 고가의 가구에 흠집을 내는 경우도 발생한다.

특히 다 자란 후의 무는 행동은 반려견을 궁지에 몰리게 되는 상황(안락사)을 만든다. 어린 강아지일 때 누가 어떠한 환경에서 키웠는지에 따라 달라질 수 있다는 것을 고려해 본다면 얼마나 많은 신경을 써야 되는지 알 수 있을 것이다.

반려견의 옷은 털이다.

옷(털)을 계절별로 갈아입는 신체적 구조를 가지고 있어서 계절마다 털갈이를 하게 되는데 털이 많은 장모종일 경우 털갈이 계절이 되면 온통 방안에 반려견의 털이 굴러다닐 것을 각오하며 살아야 할 것이다. 그리고 단모종일 경우엔 약한 피부에 파고 들어가는 경우도 종종 발생한다는 것을 알아 두어야 한다.

특히 음식에도 들어가는 경우도 있고, 외출복에 털이 붙어 드라이를 맡겨야 하는 상황이 발생할 수도 있다. 하지만 자주 빗질을 해 주고 미용을 해 준다면 이러한 일들을 줄일 수는 있다.

그 외 고려사항

알레르기를 앓고 있는 사람일 경우 털이나, 비듬 때문에 알레르기를 유발할 수도 있다. 위의 글을 읽어 보고 반려견을 키울 생각이 없어졌다면 인형이나 다른 작은 동물을 생각해 볼 수도 있다. 반려견을 입양해서 키우는 일은 살아 있기 때문에 해야 할 일이 많고, 생각하는 생명체를 들여온다는 것에 책임감이 따라온다는 사실을 알아야 한다.

Chapter 02

반려견 입양은 어디서 하는 게 좋을까?

· · ·

앞에서는 반려견을 입양하면 생길 수 있는 생활의 변화에 대해서 알아보았다.

그 변화를 인지하고 충분히 숙고한 뒤에도 반려동물을 입양하고 싶다면 어떻게 해야 할까?

그렇다면 키울 준비를 시작하면서 한 번 더 생각하자!

유기견 보호소

어린 강아지를 입양하는 것보다 오히려 다 자란 개를 입양하는 게 초기의 예방 접종 등과 같은 면에서는 많은 비용을 절감할 수 있다. 그리고 어린 강아지의 입양은 앞으로 어떻게 자랄지에 대한 염려가 되지만 보호소 성견의 경우엔 성격 파악이 쉽다는 장점이 있다. 하지만 과거의 경력을 알 수 없는 것이 문제가 될 수 있다. 경력은 어떤 생활을 통해 버려졌는지, 어떤 행동을 하며 자랐는지, 부모의 성격은 어떠했는지 등에 관한 정보이다.

만약 보호소 관계자가 전문적인 지식을 가지고 관찰해, 앞으로 이렇게 관리해 주세요 라는 말을 한다면 믿고 입양하여도 괜찮은 입양 방법이다. 어린 강아지일 때 들어가는 많은 비용도 절약할 수 있고, 중성화도 마친 상태로 분양을 하기 때문에 중성화 비용도 절감할 수 있다. 만약 믹스견이라면 유전적인 질병 발생률은 제로에 가깝고 똑똑한 반려견으로 생활의 질을 높여 줄 것이다.

유기견이라는 이유로 키우는 것을 기피할 필요는 없다고 생각한다. 필자도 유기견들을 여러 마리 키우는 입장에서 적극 권장하고 있으며, 혈통견(품종견)보다 여러 면에서 뛰어나다.

전문 브리더

우리나라에도 많은 브리더들이 있다. 이들을 통해서도 반려견을 입양할 수 있지만 다소 비싼 비용을 들여야 할 것이다. 몇 백 단위로 거래한다는 소식을 들은 적도 있다. 반면 체계적으로 관리를 하는 브리더의 강아지라면 아깝지 않은 비용일 것이라고 생각한다. 주변의 지인의 도움을 받아 잘 알아보고 입양하는 절차를 밟아야 한다.

비용, 건강 상태, 부모견의 성격, 자라는 환경 등을 꼼꼼하게 체크해 보는 것도 중요하다. 퍼피밀처럼 대량 생산을 목적으로 교배해 키운 강아지를 입양하는 것은 문제 행동을 유발할 소지가 많으므로 주의를 요한다. 부모견의 기질(성격이나 습성)이 유전되기 때문에 성격이 좋은 그리고 육체적 정신적으로 건강한 반려견을 입양하기 위해서이다.

펫샵

샵에 진열된 강아지들은 보통 강아지 공장이라는 곳에서 데리고 들여와 판매를 하는 경우가 대부분이다. 하지만 그렇다고 모두 비위생적이고 비인도적인 환경에서 자랐다고만 볼 수는 없다. 그렇다고 하더라도 일찍 나왔으니 다행스러운 일일 수도 있다. 그보다 샵에서 일하는 직원이 개에 대해서 많은 지식을 가지고 있어서 보호자로서 배울 것이 있고, 관리를 정말 잘 하는지 알아보고, 구입하는 것을 권한다.

8주령의 강아지를 판매하고 있는 샵은 정말 중요한 시기의 반려견을 관리하는 곳이기 때문이다. 이시기의 반려견은 임계기 시기가 시작되는 사회화를 경험하는 시기이다. 사회화를 올바로 경험하지 못한 반려견은 성장한 후에 바람직하지 못한 행동으로 이웃에게 민폐를 주는 행동을 하거나 개들끼리 잘 어울리지 못하고, 사람을 무는 행동을 할 수 있다.

정말 중요한 시기를 관리하는 샵의 관리인은 정확한 지식을 가지고 강아지들을 돌보아야 하며, 그런 곳에서 반려견을 구입하는 것을 권한다. 그리고 직접 눈으로 보고 선택을 할 수 있다는 장점이 있다.

▲ 펫샵에 진열된 강아지들

친구(지인)

알고 지내는 친구나 지인으로부터 입양을 받는 것은 반려견의 입장에서는 참으로 다행스럽고 행복한 입양이 될 것이라고 생각한다. 지인을 통해 부모견들의 성격이나 환경에 대해 잘 알 수 있고, 앞으로 반려견과 생활하면서 일어나는 일들에 대해서 조언을 얻기가 쉽기 때문이다. 반면 반려견에 대한 지식이 없이 판매의 목적을 가지고 번식을 하였다면 펫샵이나 다를 것이 없다고 생각한다.

온라인에서 입양

최근에 온라인 사이트나 동호회에 올라온 정보를 보고 입양하는 사례가 늘어나고 있는 추세이다. 하지만 입양을 하기 위해서는 직접 가서 눈으로 확인하고 입양해 오는 것을 추천한다. 그만한 수고를 해야 한다는 것이다. 어디에서 입양하든 꼭 직접 가서 앞으로 같이 살게 될 반려견을 데려오기를 바란다. 앞서 이야기한 내용을 토대로 건강이나 자라온 환경, 부모견의 성격까지 보고 데리고 오길 권한다.

▲ 온라인 커뮤니티에 올라오는 분양글들

Chapter 03

나에게 맞는 반려견 고르기

...

반려견을 키우기로 생각하고 있다면 나와 맞는 반려견은
어떤 개가 있을까에 대해 고민해 보아야 한다.
그리고 어떤 반려견의 종이 나와 생활하는데 서로에게 피해가 가지 않고
질 좋은 행복한 생활을 같이 할 수 있을까에 대해 많은 고민이 필수이다.

내가 바라는 것이 아닌 반려견이 원하는 것

나에게 맞는 반려견은 어떤 반려견일까요? 라고 보호자들에게 물으면 막연히
좋은 개 또는 착한 개라거나 잘 짖지 않고, 물지도 않고, 배변도 잘 가리는 반
려견을 원한다고 말하는 보호자가 있다.

하지만 무언가 가르치기 전에 무언가를 안 하고 무언가를 잘하는 반려견은 없
다. 이들에게 필자는 잘 짖지도 않고, 배변을 하지 않고, 귀엽고, 예쁜, 보호자
가 가장 원하는 반려견의 이상형은 인형이라고 대답한다.

너무 일방적인 생각을 가지고 대답을 하는 보호자이기 때문에 안 키웠으면 하
는 생각에 인형이라고 대답하는 것이다. 그리고 정말 말을 잘 듣는 것은 로봇

이라는 사실을 알아 주었으면 한다.

그보다 우리는 반려견을 키우면서 우리가 무엇을 바라는지에 대해 알고 있어야 한다. 무엇을 해 주는 반려견이 좋은 개일까?에 대해서 말이다. 필자가 생각하는 가장 좋은 개는 보호자와 커뮤니케이션이 잘되는 개다.

즉 소통이 잘되는 반려견을 말하는 것으로 깊은 교감을 할 수 있는 반려견을 뜻한다. 보호자가 배려해서 잘 가르친 반려견에게서 나오는 행동이다. 가르치지 않으면 일방적인 강요만 하게 되어 정상적인 생활이 힘이 들 것이다.

입양 전 사전 교육

가끔 과시를 하기 위해 큰개를 입양하는 보호자 또는 예쁘고 작은, 귀여운 반려견만을 찾는 보호자들이 있다. 남들이 잘 키우지 않는 맹견(맹견이란 표현은 옳지 않으나 이해를 돕기 위해 사용했다. 맹견으로 치부된 반려견을 가리킴)이나 대형견을 키울 때에는 정확한 지식을 가지고 대해야 하기 때문에 입양 전 충분한 사전 교육을 받은 후에 입양하기를 권한다. 그리고 예쁘고 작은, 귀여운, 반려견을 선호하는 보호자들에게는 일단 인형을 사기를 권한다. 반려견들은 살아서 움직이고, 생각을 하며 살아 있기 때문에 짖고, 먹고, 배변하고, 다투는 행동을 한다는 것을 알아야 한다. 안 짖고, 먹지도 않고, 똥을 안 싸는 예쁘고 귀여운 반려견은 없다는 것을 알려 주고 싶다. 선택은 자유이지만 반려견이 나와 살면서 행복한 삶을 같이 할 수 있느냐를 선택의 기준으로 세우고 선택을 했으면 한다. 그러기 위해선 견종들만의 특성을 공부하는 것이 중요하다.

예를 들어 리트리버와 같이 사람에게 순종적인 반려견도 물건을 물고 오는 행동이 유전되어 본능적으로 나온다. 집 안의 아무 물건이나 물어다 놓고 씹는 행동은 기본적으로 하는 것이다. 이런 행동은 가르쳐서 하는 행동이 아니고 본능적으로 나오는 행동이기 때문에 감수하고 키워야 한다. 특히 사냥 본능을 가지고 있는 반려견들은 사물에 대해 또는 다른 동물에 대해 물어 오는 본능을 가지고 있고, 죽여서 물어 오는, 또는 안 죽이고 물어 오는 등의 유전이 각각 유전되고 있다는 것을 알고 감수해야 한다.

내가 입양하고자 하는 반려견의 특성과 행동 패턴에 대해 정확히 알고 감수하고 생활할 각오가 되어 있어야 한다.

나와 반려견의 공생

나의 라이프 스타일에 맞추어 살 수 있는 반려견인지가 중요하다. 운동을 좋아하지 않는 사람이 에너지가 많은 보더콜리를 키운다거나, 좁은 아파트에서 살고 있는데 큰 대형견을 키우려는지, 그리고 수입에 비해 지출에 무리가 없는 종인지, 할애할 수 있는 시간에 비해 시간을 많이 들여야 하는지 등에 관한 내용이다. 나의 생활에 맞추어 입양이 되어야 한다는 말이다.

그다음으로 중요한 것은 책으로부터 키우고자 하는 반려견의 정보를 얻기보다 주변에서 키우고 있는 조언자를 두고 키우는 것이 바람직하다. 책에서는 모든 반려견이 키우기 적합합니다 라고 기록 되어 있어서 처음 키우는 보호자에게는 득이 되지 않는 내용이 많다. 입양 전엔 항상 누구에게서 조언을 구할지 찾아보고 경험이 있고 지식이 있는 조언자에게 조언을 얻을 것을 권한다.

입양에 적절한 반려견 나이와 고려사항

입양 후 바로 어떻게 할 것인가에 대해 생각해야 한다. 입양 후 바로 생활 패턴이 바뀌는 상황을 고려해야한다.

어린 강아지의 입양 시기는 두려움의 시기가 오기 전인 8주령이 가장 좋다. 8주 이전에 부모견과 분리되어 있는 또는 부모견과 같이 있더라도 사회화 경험이 시작된 어린 강아지가 좋다. 하지만 입양 후 사회화 교육을 꾸준히 시키지 않으면 의미가 없어진다는 것도 알아야 한다. 적어도 16주까지 진행하여야 한다.

어린 강아지를 입양하였다면 적어도 일주일 정도 함께 보내야 할 수 있는 때를 골라 입양 시기를 고려해야 한다. 처음 일주일 동안은 적응하는 시기로 같은 생활 공간을 공유하는 상대와 룰을 만들기 위해 중요한 시간이다. 직장 생활을 하는 사람이라면 주말을 이용해 휴가를 내어 3일 정도의 시간을 할애해야 한다. 시간을 낼 수 없다면 입양을 하지 않았으면 한다.

이 적응 시기 동안 어린 강아지에게 집이 안심할 수 있는 장소이고, 사람도 안심할 수 있는 대상이라는 걸 인식시켜 주는 게 포인트다. 그리고 24시간 동안 관찰하면서 안 좋은 학습이 되지 않게, 실패를 방지하기 위해 사람의 협력이 아주 중요한 시기이다. 이 시간 동안 어디에서 배변을 해야 하는지 어디는 가고 갈 수 없는지에 대한 룰을 보호자가 협력해 주어야 한다.

이 시기야 말로 어린 강아지에게 가장 중요한 시기이다. 이때 평생 습관이 만들어진다. 24시간 내내 안아 주고 같이 무언가를 해 주라는 말이 아니다. 행동을 관찰하며 패턴을 알아가고 배려하여 실패, 실수를 경험하지 않게 환경을 조성해 주라는 뜻이다. 특히 화장실이나 벽지 훼손(파괴), 불안해서 짖는 것을 막기 위한 조치를 말한다. 그리고 무언가를 많이 해 주지 말라는 것은 사람에 대한 지나친 애착 관계 형성으로 인한 분리불안을 막기 위해서다. 가장 중요한 것은 안심감을 만들어 주는 것이다(유기견인 성견을 입양하는 경우도 마찬가지이다).

▲ 입양에 적합한 시기인 어린 강아지들

Chapter 04

보호자로서 알아 두어야 할
개에 대한 지식

• • •

당연한 말이지만 개와 사람은 서로 다른 동물이다.

이 말은 곧 개와 사람은 서로 매우 다르며, 이 차이에 대한 이해가 필요하다는 것이다.

개에 대해 알지 못하면, 개에 대해 오해하고, 또 쉽게 포기할 수 있다.

개의 특성과 사인, 그리고 필요한 환경 등을 미리 숙지하면 착오를 줄일 수 있다.

개의 혈통과 기질

순혈종 품종견이라면 앞서도 얘기했지만 견종의 특성을 잘 파악하여야 한다. 어떤 목적을 가지고 번식을 하였는지와 성견이 되었을 때의 크기나 유전적이 질병은 무엇인지, 트리밍은 어떤 것이 필요한지에 대해 정확하게 알고 있어야 한다.

물어 오는 것이 유전되어 있는 반려견인 리트리버는 무엇이든지 물어오는 습성을 가지고 물어뜯기까지 하는 종이다. 그런데 물어 오는 특성을 가지고 있는 반려견을 이해하지 못하고 물어 오는 것을 못하게 한다면 그 반려견은 불행한 생활을 하게 된다. 특성을 살펴 그 정도는 각오를 하고 입양을 해야 한다는 말이다. 각오를 할 수 없다면 입양을 하지 말아야 한다고 생각한다. 그리고 입양 전에 더 중요한 것은 겉모습을 가지고 판단하지 않아야 한다.

믹스견 또는 유기견이라면 살아온 경위를 파악하려고 노력하여야 한다. 이전에 사람과 살아 본 경험이 있는지, 실내(외)에서 생활을 했는지, 좋아하는 것이 무엇인지, 싫어하는 것은 무엇인지 알아내기 위해 노력하고, 생활 방식을 이해하고 그에게 맞춰 대해야 한다.

▲ 품종견보다 똑똑하고 건강한 믹스견들

개의 사인(언어, 메시지)

반려견을 맞이하기 위해서 보호자는 반려견의 3가지 본능과 학습 원리와 반려견의 사인(메시지)은 꼭 알고 있어야 한다.

반려견의 3가지 본능은 앞에서 언급했듯 포식 본능(사냥), 번식 본능, 위험 회피 본능으로 이 본능에 따라 행동을 한다. 이것을 기본으로 학습하는 4가지 원리가 존재한다. 문제 행동도 이 3가지 본능을 가지고 행동을 한다는 것을 보호자로서 알고 있어야 반려견을 제대로 이해할 수가 있다. 그리고 문제 행동을 해결하는 것과 가르치는 것에 대해 적용하는 아주 중요한 이론이다. 마지막으로 반려견이 보내는 신호에 대해서 얼마나 이해를 할 수 있느냐에 대한 것이다.

처음 입양하는 보호자에게 집중적으로 공부해 달라고 하는 부분이 '개에 대해서'이다. 반려견에 대한 전반적인 행동 특성을 이해하고 행동을 하는 이유와 원인을 분석해 볼 수 있고, 더 나아가 학습이 어떻게 만들어지는지 알아야 한다. 그래야 문제 행동을 미연에 막을 수 있고, 대책을 세울 수 있으며, 보호자 스스로 반려견을 가르칠 수 있다. 반려견이 보내는 메시지를 이해하고 답해 주는 방법을 공부하여 소통을 기본으로 반려견과의 삶의 질을 높여가는 것을 권장한다. (딩고에서는 '개에 대하여'라는 주제를 가지고, 퍼피 트레이닝과 별도의 프로그램을 진행하고 있다.)

환경 준비

환경 준비는 예방 차원에서의 준비 과정이다. 반려견을 데리고 오기 전에 미리 문제를 일으키는 예방 차원에서 우선 환경부터 정리하는 것을 말한다. 일단은 위험한 것이 있는지 없는지 살펴보아야 한다.
반려견을 키워 본적이 없던 사람은 생각하지 못했던 일이 생길 수 있다. 설마 이런 일이 생기나 싶은 할 정도의 사건도 발생을 할 수 있다. 예를 들어 전기 콘센트를 물어 버린다든가, 슬리퍼를 물고 와 먹는 행동을 한다든가, 쓰레기통을 뒤지는 행동을 보일 수도 있다. 그 외에도 예상하지 못한 일도 발생할 수 있으므로 위험하다고 여기는 물건은 미리 치워 두도록 해야 한다.

그 외 준비사항

집에 잘 적응하기 위해 미리 집 안의 물건 또는 보호자의 물건을 분양처에 보내 미리 보호자의 냄새를 맡게 해 주는 방법이 있다. 그 후 분양처에 가 입양할 강아지를 처음 만나게 되면 어린 강아지가 많이 좋아하게 된다. 그것은 사람을 좋아 해서가 아니라 익숙한 냄새가 사람에게서 나기 때문에 좋아하는 것이다. 즉 익숙한 냄새로 안심감을 주기 때문에 아~! 아는 냄새다~라고 안심하고, 기분 좋게 환경을 받아들여 쉽게 적응하게 된다.

반려견들은 학습할 때 이미지화해서 사진처럼 기억을 하게 되는데 익숙한 냄새와 집 안 환경, 보호자를 같은 이미지로 기억하고 안심해 안정감을 금방 찾을 수 있는 것이다. 아주 중요한 과정이다.

그리고 불필요하게 어린 강아지를 혼내게 되는 원인이 되는 것이 있는지 체크해야 한다. 잘못해 삼킬 수 있는 물건은 치워 두고, 물만한 전기선, 쓰레기통도 치워 두도록 한다. 그리고 쓰레기통 안에는 먹어선 안 되는 음식이나, 뼈 등은 버리지 않도록 한다. 또한 중요한 화장실은 실패 없이 잘 배변 활동을 할수 있도록 꾸며 놓아야 한다.

하지만 위험한 물건을 치워 두는 것은 관리 차원이므로 위험한 물건이 나중에 등장하면 예고했던 일(물고, 뒤지는)이 벌어질 것은 당연하다고 생각하고 차후 위험한 물건은 보호자의 것이니 건들지 않아야 한다는 것을 가르쳐 학습시켜야 한다. 보호자가 있을 때는 꺼내 두어 건들지 않도록 학습하고, 보호자가 보고 있지 않을 때는 치워 두는 등 생활하면서 가르쳐 주어야 한다.

반려견이 왔을 때의 나의 생활을 돌아보며 함께 생활하는 상황을 시뮬레이션을 해 보며 준비하는 것도 중요하다. 그러면서 처음엔 자유를 조금 주고 점점 자유를 늘려가는 방법으로 반려견과의 집의 룰을 만들어간다. 처음부터 많은 자유를 주고 자유를 줄여 나가는 방법은 반려견을 매우 혼란스럽고 스트레스를 받는 일이라는 것을 염두에 두어야 한다.

그리고 집 안에서의 일뿐 아니라 차가 있다면, 자동차 안에서의 룰도 가르쳐 주어야 한다. 차 안에서 너무 자유롭게 두게 되면 반려견들은 사람이 있는 운전석으로 오려는 경향이 많기 때문에 매우 위험할 수가 있다. 그래서 캔넬에 미리 적응시키는 학습을 시켜야 하고 뒷좌석에 있어야 한다는 룰을 만들어 주어야 한다.

마지막으로 중요한 것은 살고 있는 주변에 있는 반려견에 대한 시설이다. 동물병원은 어디가 좋은지, 가까운 곳에 있는지, 동물용품을 구입할 곳은 있는지, 어디가 좋은지, 그리고 반려견과 산책하기 좋은 곳이 주변에 있는지 등을 알아 두어야 한다. 만약 가까운 곳에 동물병원이 없다면 응급 시 골든타임을 놓칠 수 있어 위험할 수 있다. 이때를 대비하여 가장 가깝고, 치료를 잘하는 동물병원을 미리 알아 두기 바란다. 또한 반려견과의 삶의 질을 높여 주기 위해 집 주변에 동물들도 사용 가능한 운동장이나 산책 코스가 없다면 입양에 대해 다시 한 번 생각하길 바란다.

Chapter 05

반려견과 함께 살 때 필요한 도구

...

앞서서 반려동물과 함께 생활하게 되면 경제적 부담이 생길 수밖에 없다고 언급하였다.
앞에서 예로 든 사료 뿐 아니라 반려동물과 함께 살아가기 위해서는 꼭 필요한 도구들이 있다.
미리 알아 두면 불필요한 물건을 사는 것을 막을 수 있다.

일반적으로 필요한 물건

밥 그릇, 사료, 물 그릇, 화장실, 크레이트(이동장), 집 등의 기본 도구는 어디
서 사면 좋은지 알아 봐야 된다. 그리고 비용은 얼마나 드는지? 플라스틱 식기
는 알러지 반응은 있는지 등 지인을 통해 알아 두어야 한다.

사료를 담아 두는 저장용 통, 물 그릇에 대한 지시도 알고 있어야 한다. 예를
들어 물병으로 된 물 그릇은 반려견이 양껏 먹을 수 없는 구조로 되어 있고, 반
려견들은 물을 먹을 때 혀를 구부려 국자처럼 떠먹는 행동을 할 수 없는 그릇
이기 때문에 적게 물을 먹는 반려견에겐 건강에 문제가 생길 수 있다.
그리고 분양처에서 화장실은 어디에 두었는지, 어떤 화장실을 사용했는지를
미리 알고 나의 반려견이 실수하지 않도록 적응된 화장실을 구입하고 최종적

으로 어디에서 볼일을 보게 하는 게 좋은지 준비해 두어야 한다.

또 이동장은 몇 개가 필요한지, 어떤 제품이 내구성이 좋은지, 성장하면 차에 태울 때 필요한 것은 무엇인지 등 구체적으로 조사해 보아야 한다. 보기엔 예뻐 보이지만 내구성이 떨어지는 제품이 많으니 자세히 알아보기 바란다.

▲ 마트에 진열된 다양한 반려동물 용품

이외에 필요한 도구

개 목걸이, 리드줄, 그루밍 도구(손톱깎이, 빗), 장난감, 캐리어백, 서클, 침대 등도 필요하다. 목걸이(목줄) 같은 경우는 예쁜 것보다 목에 충격이 덜하고 실용적인 것을 구입하여야 한다. 이음매가 플라스틱 재질의 버클로 만들어진 목줄은 추운 겨울엔 잘 깨지고, 힘을 주면 한 번에 풀려 버릴 수 있고, 털이 많은 종의 경우엔 털이 끼이는 문제가 발생할 수 있다. 안정적으로 사용할 수 있는 목줄은 전문가의 조언이나 주변에서 사용하는 지인의 도움을 받아 참고하는 것이 좋다.

특히 목이 조이는 초크 체인은 반려견의 목에 충격을 가하게 되므로 초크 체인 목줄은 절대 사용하지 않기를 바란다. 그리고 뒷걸음을 잘 치는 반려견에게는 줄이 빠지지 않는 구조를 가지고 있는 제품을 선택하는 것이 바람직하다. 예상하지 못한 사고로 불시에 이어질 수 있기 때문이다. 하네스 같은 경우엔 다양한 목적을 가지고 만들기 때문에 하네스의 목적을 알아보고 사용하기를 권한다.

리드줄의 경우는 트레이닝을 할 때에는 너무 짧으면 불편하기 때문에 1.8m의 줄을 사용하는 게 좋고, 트레이닝을 하지 않을 때는 1.2m 정도 길이의 줄을 사용하는 것 좋다. 너무 길면 관리가 어렵고 불편하기 때문이다.

그리고 줄의 두께는 너무 두껍지 않은 가는 줄을 구입하는 것을 추천한다. 가는 줄의 추천은 줄에 대한 스트레스를 줄이기 위함이다. 반려견들은 본디 줄을 착용하고 살던 아이들이 아니기 때문에 줄에 대한 스트레스를 많이 받고 있다는 걸 알고 있기 바란다. 일반적으로 도구는 사용한 사람의 후기나 조언을 바탕으로 구입하는 것이 실용적이다.

🐾 그루밍 도구

그루밍이나 미용은 미용실을 방문하여 해결할 수 있지만 간단한 손질 같은 경우는 집에서 보호자가 해 주는 것을 추천한다. 예를 들어 빗질(브러시), 발톱깎이, 귀 청소, 간단한 미용(발 주변 정리용 가위), 이 닦아 주기(칫솔), 목욕(샴푸, 드라이기) 등이 있다. 반려견의 청결을 위해 꼭 필요한 도구는 준비해 두어야 한다.

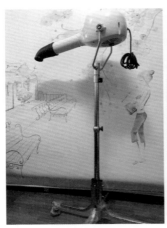

▲ 반려동물용 드라이기와 드라이룸

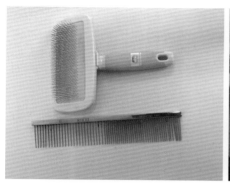

▲ 다양한 크기와 모양의 빗과 브러시

▲ 샴푸 치약 등 그루밍 도구

🐾 장난감

장난감의 경우는 많이 사 두는 것이 좋고, 같은 장난감은 두 개씩 사서 제공해 주는 걸 권한다. 비싼 장난감을 사라는 의미가 아니라 무엇이든 안전하게 놀 수 있는 장난감을 여유있게 준비하는 것이 좋다.

깨지는 플라스틱의 경우 반려견이 씹어 삼킬 수 있어서 위험할 수 있고, 입 주변이나 입안에 상처를 줄 수 있다. 그리고 장난감의 종류에 따라 목적을 가지고 구입하는 것이 좋다. 예를 들어 잡아당기면서 놀 수 있는 트레이닝용 장난감, 외로울 때 집을 혼자 지켜야 할 때나 머리를 쓰게 하는 간식을 넣어서 굴려먹을 수 있는 장난감을 구분하여 사용하여야 한다.

군이 돈을 들여서 사 주기보다 주변에 있는 것을 활용해서 만들어 주는 것도 좋은 방법이라고 생각한다. 예를 들어 버릴 때가 된 옷을 활용한다든지, 양말, 부드러운 슬리퍼, 종이컵, 테니스공, 페트병 등이 있다.

▲ 다양한 반려동물용 장난감들

천 캐리어(천 재질의 이동장)

캐리어의 경우엔 견고하지 않아 잘 교육이 되지 않으므로 반려견에겐 사용하지 말기를 바란다. 지퍼 형식으로 입구가 만들어져 반려견은 발 또는 입으로 입구나 지퍼를 망가뜨리고 나올 수 있어 위험하기 때문이다.

더 나아가서는 재난 상황을 대비한 예방 차원의 관리해 주었으면 한다. 예를 들어 신발을 신기는 것(유리 등이 깨진 위험한 곳을 가야 할 때), 낯선 사람을 받아들이는 것(보호자가 없을 때 낯선 사람의 도움을 받아야 할 때), 아무 음식(편식 없이)이나 받아 먹을 수 있는 것(계속 같은 사료의 제공으로 음식에 중독이 걸리면 다른 음식을 거부해 건강을 해칠 수 있기 때문에) 등 보호자가 없을 때를 대비한 관리를 평소에 해 주었으면 한다. 전문적인 지식을 갖춘 관리자가 있는 곳의 카페나 호텔을 활용하는 방법도 있다.

서클

서클(육각장)은 입양하기 전에 필히 준비해야 하는 물품이다. 화장실의 교육을 할 때 아주 유용하게 사용할 수 있기 때문이다. 서클 안에 화장실과 침대를 구분 해 놓아 사용하게 되면 쉽게 화장실을 사용하게 된다. 일주일간의 생활을 관찰했을 때 반려견이 화장실을 70% 정도 가리기 시작했다면 점점 서클을 넓혀 가면서 집 안을 적응시켜 가면서 자유를 주어도 된다. 그리고 침대, 또는 방석의 경우는 반 려견이 안심하고 안정감을 주는 것을 사용하며, 다른 곳으로 이동을 하거나 여행 을 갈 때 같이 가지고 다니면 반려견이 쉽게 낯선 환경을 받아들일 수 있다.

▲ 정돈된 집안에 울타리 친 서클 화장실

반려견과 함께하는 데 소모되는 비용

반려견을 키우기 위해서는 필수로 들어가는 비용이 발생하는데 주식인 사료 비. 법률상 지정된 광견병 주사비. 예방접종비, 간식비, 소모품비(장난감, 캐리 어, 배변 패드, 리드줄), 그리고 매주, 또는 매달 들어가는 이미용비 등이 있다. 그리고 갑작스럽게 발생하는 질병 치료비에 대해서도 예비로 준비해 두어야 한다.

또한 반려견을 항상 데리고 다니는 것을 원칙으로 하되 할 수 없을 때는 관리할 수 있는 곳에 맡겨야 하는 비용(호텔링)에 대해서도 준비가 되어 있어야 한다.

옛날에는 트레이닝에 대한 중요성이 없어서 반려견의 트레이닝비(교육비)는 생각을 하고 있지 않았지만 최근엔 반려견의 교육비에 대해서도 지출 예산을 잡고 가야 한다고 생각한다. 대형견을 기준으로 한 달 평균 약 50만 원 정도의 비용이 들어간다고 생각해야 한다. 소형견의 경우엔 비용이 덜 들어가기는 하지만 반려견을 키우게 되면 어느 정도의 비용을 감수해야 한다는 것을 알고 내 생활에 맞추어 감당할 수 있을 때 입양하기를 권한다.

Chapter 06

입양 후 주의사항
. . .

앞서서 사전 준비사항에 대해 알아봤다면, 이제는 입양 후이다.

반려동물을 입양한 이후 변화하는 생활에 대해서는 미리 예습했으니

함께한 이후 어떻게 생활하면 좋을지, 그리고 반려동물의 적응을 위해서는

무엇을 해야 할 지 바뀌는 환경에 대해 고민해야 한다.

집에 도착부터 첫날

반려견을 입양하러 갈 때에는 가급적 다른 사람이 동행해 주는 것이 좋다. 반려견에게 집중하기 위해서이다. 혼자 가게 되면 반려견을 차에 혼자 두게 될 수도 있고, 챙길 게 많아서 소홀할 수 있기 때문이다. 그리고 데리러 가는 시간은 오전 중으로 잡아야 한다. 저녁 시간에 가게 되면 반려견이 잠을 제대로 잘 수 없어 수면 부족이 올 수 있기 때문이다. 그리고 보통 보호자들은 반려견을 데리고 오자마자 사료를 주는데 좋은 방법은 아니다. 입양할 때는 생활 패턴이 바뀌는 상황이라 많이 스트레스를 받기 때문에 되도록이면 사료를 주는 것보다 쉬게 해 주는 것이 좋다. 그리고 귀엽다고 쓰다듬는 것도 되도록 삼간다. 낯선 곳으로 이

동하며 피곤한 상태이기 때문에 보호자와 가족들이 만져 주는 상황 또한 스트레스로 작용하고, 그 와중에 사료를 먹는 것은 위에 엄청난 부담을 줄 수 있다. 집에 도착해서 가장 먼저 해야 할 일은 안심하게 만들어 주는 것이다. 반려견 스스로 냄새를 맡게 해 적응할 수 있게 놔두는 게 우선이다. 공간을 확인하는 행동을 할 수 있게 하되 눈길을 주거나 자주 만져 주는 행동을 하는 것이 좋다. 그리고 도착한 이후에서는 매우 긴장한 상태기 때문에 물을 많이 먹거나 참았던 화장실을 보려고 할 것이다. 미리 만들어 놓은 화장실에 데리고 가는 것이 좋다. 데려오자마자 서클에 준비해 둔 화장실에 내려 두어 볼일을 보게 하는 것이 좋다.

▲ 서클로 공간을 분리한다.

그리고 각오해 두어야 할 것은 잠을 잘 못 잘 수도 있다는 것이다. 처음 집에 온 반려견은 바뀐 환경에 완전하게 적응이 되지 않았기 때문에 불안한 마음에 낑낑 거리거나 짖을 수 있기 때문이다. 밤에 우는 것에 대해 마음의 준비가 되어 있으면 우는 것을 받아들일 수 있지만 보호자가 마음의 준비가 되어 있지 않다면 짜증 내고 마음이 불안해지는 상황을 초래할 수 있다.

입양한 첫날은 반려견에게 아무 일이 없게 만들어 주는 것이 중요하다. 특히 싫어하는 일이 일어나지 않게 만들어 주는 것 이 가장 좋다. 참고로 너무 정신 없는 반려견일 경우엔 그날 하루는 금식을 시키는 것이 좋을 수 있다.

다음 날

반려견이 2개월이 되면 이미 화장실 교육은 마친 상태이다. 미리 분양처의 조언을 받아서 패턴이나 선호하는 화장실에 대한 정보를 얻었을 것이다. 이를 기본으로 반려견이 볼일 보기 전의 행동 패턴(사인), 시간을 기억하여 그 시간 또는 행동패턴이 나타날 때 화장실에 데리고 가서 볼일을 보게 하면 된다. 특히 이때 실수했다고 혼내게 되면 변을 주워 먹는다거나 신호 없이 볼일을 보거나 숨어서 일을 보게 되므로, 의연하게 대처하며 실수하지 않게 서클에 넣어서 관리하도록 하는 것이 낫다.

3일째부터

뇌를 키우는 교육을 진행하기 시작한다. (퍼피 트레이닝) 다양한 경험을 할 수 있도록 준비하고, 즐거운 경험이 되도록 만들어 준다.
이때는 앉아 엎드려의 교육보다 뇌가 커가는 시기에 맞게 사회화 경험을 위주로 접하게 해 주는 것이 좋다. 하지만 이시기는 백신을 맞는 시기이기 때문에 사회화 경험을 하다가 병을 얻는 리스크가 생길 수 있다. 그렇기 때문에 이 시기엔 안전한 곳을 방문하거나 집에 안전한 개와 전문가, 또는 지인을 초대해 파티를 열어 주는 방법으로 사회화를 경험하는 것이 바람직하다. 그리고 밖에 데리고 나갈 때에는 안아서 이동하기를 권한다.

특히 이때에 사회화 경험을 하기 위해 반려견들이 아주 많은 곳을 방문하는 것은 절대 하지 않기를 바란다. 아직 항체가 만들어져 있지 않기 때문에 병으로부터 안전할 수 있는 상황이 아니기 때문이다. 많은 반려견들이 있는 곳은 많은 병균이 있기 때문에 절대 안전한 곳이 아니다. 그리고 다양한 경험을 하면서는 절대 강요하며 진행해서는 안 된다. 결과가 안 좋아지기 때문이다.

반려견의 성장

반려견의 성장을 살펴보면 8~16주까지의 생활이 아주 중요한 시기이다. 이시기 반려견의 뇌가 80% 성장하는 걸 보았을 때 절대 무시하고 지나갈 시기가 아니다. 이때의 경험을 기반으로 받아들이는 학습이 달라질 수 있다. 그런데 보통 사람들은 문제가 생기면 차차 잡아가면 된다고 생각하거나 아직 어리니까 괜찮겠지 라고 생각하기 쉽다.

하지만 이 시기에는 절대 그런 생각을 하면 안 된다. 이 때는 문제가 생기면 3일 이내에 해결책을 찾아 해결해 주어야 한다. 그러기 위해서는 세밀한 계획을 세워서 진행하여야 한다. 특히 사회화 교육, 무는 습관, 화장실 교육 등을 놓치지 말고 바로잡아 가야 한다. (퍼피 트레이닝 시기)

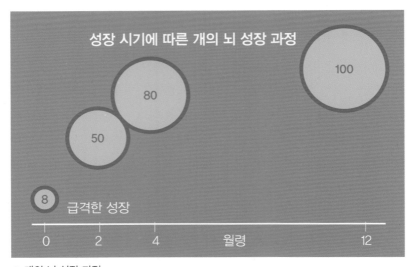

▲ 개의 뇌 성장 과정

반려견의 패턴을 관찰하여 실수하지 않도록 계획을 잘 잡아 놓고 진행하여야 한다. 반려견이 자신감을 가지고 잘할 수 있게 관리해 주는 것이 중요하다. 이렇게 자란 반려견은 높은 확률로 차분하고 자신감이 넘치는 반려견으로 성장할 것이다. 이러한 지식을 바탕으로 반려견을 대하여 준다면 문제 행동은 일어나지 않고 보호자와 반려견 모두 질 좋은 행복한 생활이 될 것이다.

흔히 겪는 문제

짖고, 깨물고, 화장실의 실수, 집에 혼자 있을 때 파괴 행동, 이러한 행동은 건강한 어린 강아지라면 지극히 정상적으로 나오는 행동임을 알고 있어야 한다. 사람으로 비교해 보면 어린아이일 때 더 많은 시간을 울고 살며, 더 많은 걸 파괴하고, 더 많은 화장실 실수(기저귀 차고 생활)를 하며, 더 많은 사고를 치며 살아간다. 그리고 어린아이일 때 무엇이든지 입에 넣어 보고 확인하려는 경향이 있듯이 어린 강아지들도 입으로 무언가를 확인하려는 경향이 많다는 것을 알고 있어야 한다. 흔히 겪는 문제는 당연히 하는 행동으로 못 하게 하는 방법은 없다. 이러한 행동은 가르치면서 점차적으로 줄어들어 간다는 것을 알고 있어야 한다.

이 시기는 다음을 준비하는 시기이므로 반려견을 잘 이해하고 배려하며 협력하며 살아가야 하는 과정이다

다음으로 중요한 과정은 퍼피 트레이닝을 시작하는 것이다.
처음 1년 동안은 미래를 준비하는 시간이다.

부록

클리커 페어 트레이닝의 지식 수업과 핸들링 수업 안내

딩고 코리아 소개

D.I.N.G.O.(Dog Instructors Network of Great Opportunity)

펜션, 호텔과 카페, 레스토랑 등에서 점점 반려견을 받아들이고 있습니다. 이에 따라 그저 귀여운 애완견에서 사회에 받아들여지는 반려견으로서의 매너가 요구되고 있습니다. 사회의 의식의 변화에 따른 시대의 요구에 걸맞은 반려견의 라이프 스타일과 근대적인 가정견으로 가르치는 방법과 함께 노는 즐거움을 주인에게 전하는 인스트럭션에 대한 요구 역시 급격히 높아지고 있습니다.

선진적인 시스템에 바탕을 두고 그 시스템에 즐거움을 더하여, 반려견일 행복한 생활을 보내도록 기존의 틀에 얽매이지 않는 반려견의 라이프 스타일을 제안하기 위해 D.I.N.G.O.가 설립되었습니다.

D.I.N.G.O.와 함께 조금이라도 많은 견주들이 반려견과의 생활을 충실하게 보낼 수 있었으면 합니다.

D.I.N.G.O.는 Dog Instructors Network of Great Opportunity의 약자입니다. 여러분도 "조금이라도 더 많은 개와 그 견주가 행복하게 지냈으면 좋겠다"고 바라며, 그 일에 뭔가 보탬이 되길 바란다고 생각한적 없나요? D.I.N.G.O.의 시스템은 그런 생각에서 태어났습니다.

우수한 많은 강사가 전 세계에서 즐거운 교육의 전도사로서 조금이라도 더 많은 개와 견주의 행복에 공헌하는 활동을 하고자 하는 것이 D.I.N.G.O.의 바람입니다.

D.I.N.G.O.의 시스템이 긍정적인 강사활동을 지원하고, 그 교육이 '의무에서 즐거움'으로 바뀌어갈 수 있도록 기여한다면 그 이상의 기쁨은 없다고 생각합니다.

딩고 코리아의 반려 동물 교육 커리큘럼

대표 : 한준우

1. 프리오너 클라스

   입양 전 사전교육 – 동물을 입양하기 전에 보호자가 준비해야 할 것과 알아 두어야 할 상식

2. 퍼피 트레이닝(지능을 키우고 몸의 밸런스를 조절하여 사람과의 생활에 적합한 개로 키워내기)

   a. 7주~16주 퍼피 에듀케이션 프로그램 – 레벨 3)

      LEARNING – 활동(신체 능력), 냄새.

      COMMUNICATION – 생활환경(실내외), 사람, 그 외 사물, 그루밍, 병원,

      EXERCISE–하우스 매너, 이름교육, 아이 컨택, 붙어서 산책, 이리와, 앉아, 기다려, OK, 이동장, 개 유모차, 하네스&헤드칼라, 서클, 혼자 만의 시간, 외박, 침대, 계류, 화장실, 감정 억제(ON,OFF), 클리커(행동교육)

   b. 4개월~6개월(퍼피 에듀케이션 프로그램 – 레벨 2)

      LEARNING – 활동(신체 능력), 냄새,

      COMMUNICATION – 생활환경(실내외), 사람, 그 외 사물, 그루밍, 병원,

      EXERCISE – 하우스 매너, 이름 교육, 아이 컨택, 붙어서 산책, 이리와, 앉아, 기다려, OK, 이동장, 개 유모차, 하네스&헤드칼라, 서클, 혼자 만의 시간, 외박, 침대, 계류, 화장실, 감정 억제(ON, OFF), 클리커(행동교육)

   c. 6개월~1년(퍼피 에듀케이션 프로그램 – 레벨 1)

      LEARNING – 활동(신체 능력), 냄새

      COMMUNICATION – 생활환경(실내외), 사람, 그 외 사물, 그루밍, 병원,

      EXERCISE – 하우스 매너, 이름교육, 아이 컨택, 붙어서 산책, 이리와, 앉아, 기다려, OK, 이동장, 개 유모차, 하네스&헤드칼라, 서클, 혼자 만의 시간, 외박, 침대, 계류, 화장실, 감정 억제(ON,OFF), 클리커(행동교육)

      뇌가 성장 할 때까지의 교육(1년 이전에 뇌의80%가 성장)

      사회화 교육 및 트레이닝

3. 클리커 페어 트레이닝

A.D.I.C.T. ONE

클리커의 이론, 실습. 레벨1(00시간)

(클리커는 여러 가지 응용이 가능하며 그 가지는 실로 다양합니다)

---

   a. 클리커의 사용법

      1. 쉐이핑, 2. 캡쳐링, 3. 행동의 컷, 4. 상태 만들기, 5. 사회화, 참기 6. 원격 트레이닝, 7. 초

점, 8. 냄새선별, 9. 클리커 트레이닝의 구성법

b. 클리커의 특징(장·단점, 의미, 룰, 주의 사항)

c. 트레이닝

　　1. 타겟 트레이닝, 2. 논타겟 트레이닝, 3. 컨셉 트레이닝, 4. 이루카 게임, 5. 피드백 트레이닝

d. 쉐이핑하는 법

e. 소거 버스트 스텝업

f. 성과율 스텝업

g. 연속 강화(간헐적 강화의 함정)
　　강화법

h. 수평적 사고(좋아함의 커브)

l. 구성도

j. 클리커의 규칙과 약속

k. 기억의 매카니즘

l. 의욕의 스위치

m. 레벌 업의 클릭

n. 클릭의 오해

o. 행동의 발단–애태움–미루기–행동예측–완급

p. 큐의 등장(캐주얼과 포멀)

A.D.I.C.T. TWO
클리커의 이론, 실습. 레벨2 (00시간)

a. 스트레스 매니지먼트

b. 관찰

c. 환경의 세팅, 도구의 확인

d. 목표설정

　　1. 래트리빙, 2. Aim(응시), 3. 냄새 선별, 4. 컬러 선별, 5. 체이닝, 6. 그 외

e. 클리커의 타이밍

　　1. 아훔, 2. 행동에서 태도로의 이행, 3. 뒤와 앞, 4. 의식에 클릭, 5. 사람의 반응 속도, 6. 재검토와 수정

f. 학습 이론의 응용

　　1. 프롬프트, 2. 리미티드 홀드, 3. 타임아웃

g. 효과적인 트레이닝 프로그램의 입안

h. 불안 극복

      i. 스트레스 관리

      j. 의욕을 끌어내는 방법

      k. 핸들링의 극의

      l. 원격트레이닝

      m. 교착으로부터의 탈출

      n. 반응 속도를 높이는 방법

      o. 확률의 조정

      p. 간식 제거 프로그램

      q. 수의 테크니션

4. 핸들링 코스

      a. 인트로 덕트리 클라스(5개의 핸들링) – 간식제공 – 아마추어 코스

      b. 노비스 클라스(5분간의 10개의 핸들링) – 간식 없이 – 아마추어 코스

      c. 어드밴스 클라스(15분간의 15개의핸들링) – 간식 없이 – 프로 코스

      d. 마스터 클라스(30분간의 21개의핸들링) 간식 없이 – 프로 코스

5. 지식 수업

      a. 딩고의 이념 (수평적 사고)

      b. 개에 대하여(행동학, 기원, 특징, 본능, 진화), 개와 늑대의 차이점, 개과 동물과의 비교, 개의 모터패턴

      c. 개에 대하여 2(보디 랭귀지, 카밍 시그널, 발성, 그 외 시그널)

          1. 학습원리, 2. 행동형성 이론, 3. 고전적 조건 형성(둔감화, 역조건 부여), 4. 조작적 조건형성, 5. 행동관찰(메세지 읽는법)

      d. 보상에 대하여(외적 보상과 내적 보상), 프롬프트 유무

      e. 거리의 대화

      f. 수평적 사고

      g. 칭찬 하는 교육의 함정

      h. 인지력에 대하여

      i. 관리와 학습

      j. UTE – 재해 시 도움 되는 훈련

      k. 성격분석

      l. 도그댄스

      m. 자제력에 대하여

      n. 과학적인 놀이

      o. 짖음

      p. 대화(피드백) 트레이닝

      q. 4D

    r. 스트레스 관리와 LRS(동물원의 동물 교육)

    s. 문제 행동의 수정 원리

    t. 교수법

    u. 산책의 달인

이론필기시험과 실기실험 동시에 진행

그 외 수업

    a. 탈렌트 독(다양한 동물), 매직컬 트레이닝

    b. 수색탐지 견(쥐, 고양이, 돼지)

    c. 맹인 안내견

    d. 타그티치(자폐아, 운동선수)

    e. T-터치(말, 고양이, 개)

    f. 허즈벤들리 트레이닝(동물원건강 관리 교육)

    g. D.D.C.T. 애견 카페 및 관리자를 위한 교육(독 케어 테이커)

6. 자격 코스

    a. 마스터 핸들러 클라스

    b. 어시스턴스 인스트럭터

    c. 인스트럭터

    d. 마스타 인스트럭터(교수법)

반려견이 더 행복한
클리커 페어 트레이닝

1판 1쇄 발행 2018년 09월 15일

저 자 | 한준우
발 행 인 | 김길수
발 행 처 | 영진닷컴
주 소 | 서울시 금천구 가산디지털2로 123
월드메르디앙벤처센터2차 10층 1016호 (우)08505
등 록 | 2007. 4. 27. 제16–4189호

ⓒ2018. ㈜영진닷컴

ISBN | 978-89-314-5945-6

MEMO

 MEMO